인공 지능,

너 내 동료가 돼라!

21가지 질문으로 AI와 친해지기

일러두기

- '*' 표시된 용어는 100쪽에 설명해 두었어요.
- 모든 용어 설명은 옮긴이의 설명이에요.

인공 지능, 너 내 동료가 돼라!

21가지 질문으로 AI와 친해지기

앙겔리카 찬 글 레나 헤쎄 그림 고영아 옮김

Seedbook 씨드북

차례

2장 우리 곁의 인공 지능

3장 미래의 삶과 인공 지능

들어가며

좋은 아침입니다!
현재 시각은….

오전 6시 45분

아침이 되면 스마트워치 알람이 너를 깊은 잠에서 깨워. 그리고 네가 얼마나 오래, 얼마나 잘 잤는지 알려 주지.

오전 7시

태블릿에 있는 이 닦기 앱을 실행시키면 칫솔이 움직이면서 이를 깨끗하게 닦아 줘. 좋아하는 노래를 들으면서 샤워하고 싶다면 스마트 스피커에게 틀어 달라고 부탁하면 돼. 욕실 바닥은 적당히 따끈따끈할 거야. 스마트 홈 기능이 30분 전에 미리 난방을 가동시켰거든.

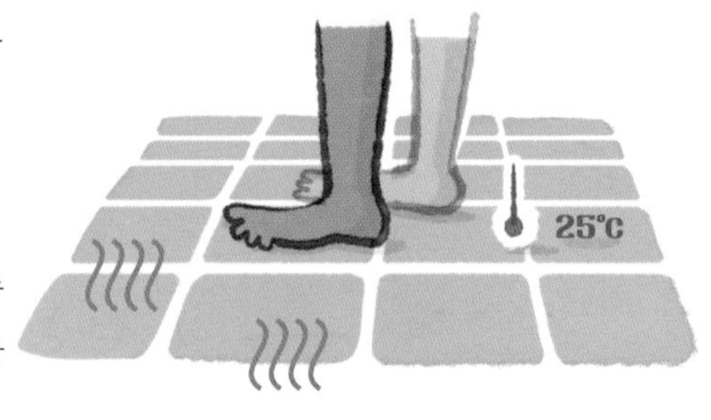
25℃

오전 8시

수학 시간에는 학습 프로그램이 네 지식 수준에 맞춰 까다롭긴 해도 충분히 풀 수 있는 문제를 내 주지.

오후 2시

오늘은 네가 태권도 체험 수업을 하기로 한 날이야. 한 번도 가 본 적 없는 장소지만 자동차에 설치된 내비게이션의 도움으로 엄마랑 너는 제시간에 도착해.

빨리 타!
꾸물대다가 늦겠다!
하!
도착 예정 시각은
오후 1시 59분입니다.
B-BX20

오후 5시

너는 얼른 숙제를 끝내고 학습 도우미 앱을 켜. 국어 시간에 배운 것 중에 이해가 안 되는 부분이 있어서 동영상으로 수업 내용을 복습하는 거야. 설명을 들은 다음 제대로 이해했는지 확인하기 위해 문제를 풀어 볼 수도 있어.

어떤 피자로 할래?
고르곤졸라 피자요!

오후 6시

우아, 신난다! 오늘 저녁 메뉴는 피자다! 앱으로 배달 서비스가 되는 가장 가까운 피자 가게를 골라 주문하면 30분 만에 바로 피자가 도착해.

오후 7시 15분

좋아하는 시리즈를 처음부터 끝까지 다 봤기 때문에 스트리밍 서비스*가 네 맘에 들 것 같은 새로운 시리즈를 추천해 줘.

오후 8시

이제 자러 갈 시간이야. 방에 들어가니 반려 로봇이 네 이름을 부르며 너를 맞이해. 그리고 네가 잠이 들 때까지 이야기를 들려줘.

…그리고 모두가 환호성을 질렀습니다.

1장

인공 지능 알아가기

인공 지능은 얼마나 똑똑할까?

인공 지능이라는 말을 들으면 대부분 로봇이나 슈퍼컴퓨터를 떠올려. 하지만 인공 지능은 학습 가능한 컴퓨터 프로그램이 작동하는 곳이면 우리 일상생활 어디에서든 사용되고 있어. 우리가 흔히 말하는 'AI'는 영어로 인공 지능을 뜻하는 'Artificial Intelligence'를 줄인 말로, 컴퓨터 과학 기술의 한 분야야.

이 기술이 '지능'이라고 불리는 이유는 스스로 무언가를 자기 것으로 만들거나 실수를 통해 배울 수 있기 때문이야. 인공 지능 프로그램은 혼자 힘으로 체스 같은 다양한 보드게임을 익힐 수 있어. 게임 규칙과 승리 조건만 알려 주면 자기 혼자서 인센티브 시스템*을 통해 어떤 수가 더 나은지 학습해. 그 결과 인간 플레이어는 한 번도 써 본 적이 없는 수를 발견할 수도 있어.

하지만 인공 지능이 완전히 혼자 힘만으로 움직이는 건 아니야. 모든 인공 지능은 사람의 프로그래밍이나 최소한의 데이터를 필요로 해. 설정된 목적에 부합하는 기능만 수행할 뿐, 스스로 완전히 새로운 능력이나 아이디어를 창조하지는 못하는 거지.

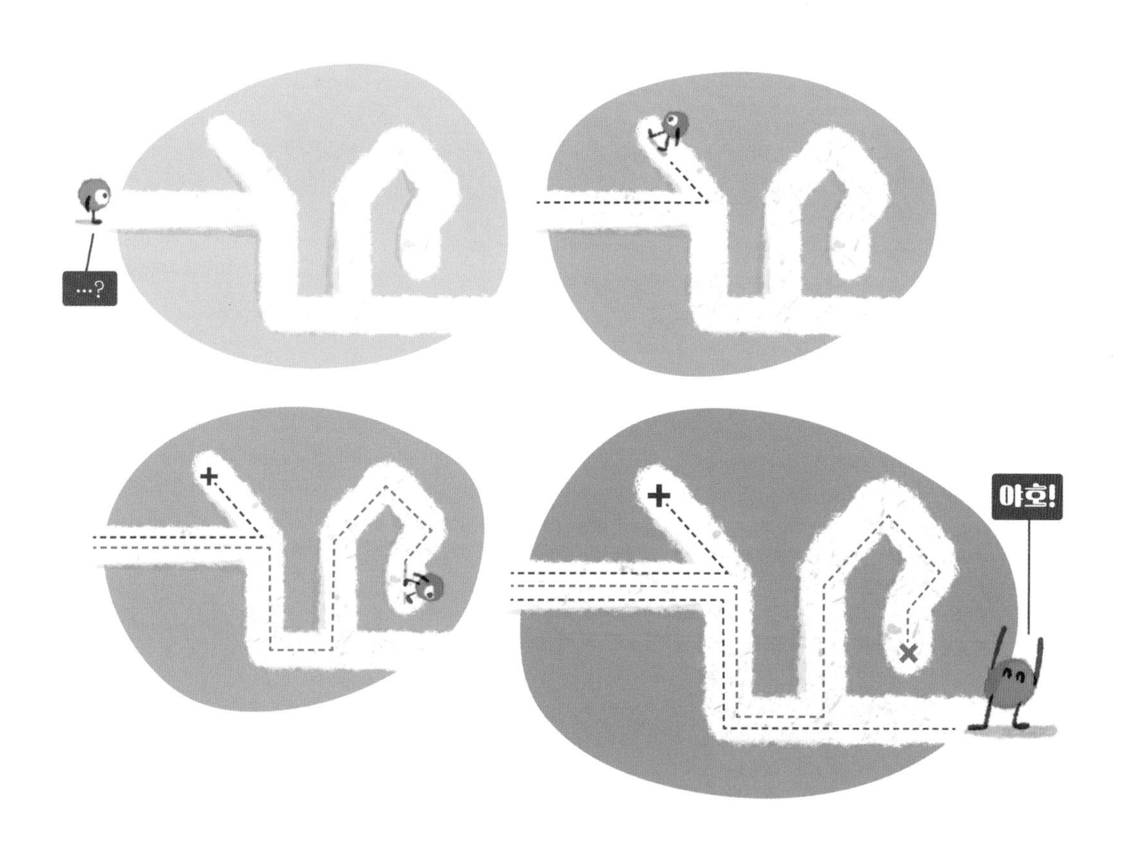

인공 지능이 인간의 지능을 초월할 수 있을까?

인공 지능은 인간의 사고방식을 얼마나 잘 모방하느냐에 따라 '약 인공 지능', '강 인공 지능' 그리고 '초 인공 지능' 이렇게 세 가지로 나뉘어.
현재까지는 약 인공 지능만이 현실에서 사용되고 있어. 강 인공 지능과 초 인공 지능은 SF 영화에서나 등장할 뿐이지. 이 두 가지 인공 지능의 실현은 아직도 머나먼 미래의 일이야.

1997년, 당시 세계 체스 챔피언이었던 가리 카스파로프가 소프트웨어 '딥 블루'를 상대로 한 체스 게임에서 패했어. 오늘날 인공 지능에 기반을 둔 체스 프로그램은 인간을 상대로 한 게임에서 원칙적으로 단 한 번의 패배도 허용하지 않을 만큼 뛰어나다고 해. 그런데도 '약한 인공 지능'으로 분류되고 있지.

약 인공 지능은 놀랄 만큼 많은 일을 인간보다 더 잘해낼 수 있어. 하지만 인간의 두뇌를 완벽하게 재현할 수는 없어. 게다가 감정과 창의력도 없고 사회적인 행동도 불가능해. 그저 아주 빠르고 신뢰할 수 있는 계산기일 뿐이지.

약 인공 지능

인간의 사고가 담당하는 개별적인 작업을 대신 맡아서 해결해 줘.

강 인공 지능

인간의 두뇌가 하는 모든 일을 따라 할 수 있어.

초 인공 지능

과제나 문제를 해결하는 능력만이 아니라 사회성과 창의성 측면에서도 인간을 뛰어넘는 인공 지능이야.

인공 지능은 우리 생활에 벌써 쓰이고 있을까?

많은 사람이 다양한 인공 지능 기능이 탑재된 기기를 가지고 다녀. 바로 스마트폰이야. 우리는 휴대폰 사용에 너무 익숙해져서 휴대폰에 얼마나 많은 기능이 있는지 생각도 하지 않아.

얼굴 인식 얼굴을 길이와 너비, 깊이 이렇게 3차원으로 나누어 측정해. 프로젝터와 적외선 조명기를 사용해 3만 개의 보이지 않는 점으로 구성된 망을 얼굴 전체에 통과시켜. 그렇게 해서 눈 모양, 코 크기, 입술 곡선 등 하나도 빠뜨리지 않고 모든 특징을 포착한 다음 기존에 저장된 얼굴 데이터와 비교하는 거야.

이미지 인식 사진 속의 인물을 인식해서 파일을 분류해 줘. 그러니까 할아버지 사진만 모아서, 아니면 아기 사진만 모아서 보여 달라고 할 수 있는 거지. 그리고 사진을 찍을 때 사람 얼굴에 초점을 맞춰 주기도 해.

환경 설정 인공 지능은 우리가 언제 휴대폰을 집중적으로 사용하는지, 언제 사용하지 않는지 인식해. 그 데이터를 바탕으로 우리가 휴대폰을 쓰지 않을 때는 배터리 소모를 줄이도록 알아서 절전 모드로 전환하지.

화장실 가야 하는데!
금방 도착하는 거야?
300미터 후 우회전하세요.
200미터 가시면 왼편에 목적지가 있습니다.

내비게이션 목적지에 도착하기까지 최적의 경로를 알려 줘. 같은 목적지라도 시간대별로, 그리고 요일별로 제시하는 경로가 달라져. 교통량과 같은 도로 상황에 따라 추천 경로가 달라지기 때문이지. 자전거를 타는 경우는 도로 경사가 얼마나 가파른지, 또 도로가 얼마나 구불구불한지도 고려해. 거리가 가장 짧은 경로라고 해도 시간이 가장 적게 걸리거나 가장 편안한 길은 아닐 수 있거든.

음성 인식 음성 언어를 처리해 줘. 휴대폰 자판을 치지 않아도 필요한 정보를 불러오거나 앱을 작동시킬 수 있어. 심지어는 글을 받아쓰게 할 수도 있지.

시리야! 내가 탈 기차
출발이 언제야?

7분 후입니다.

로봇 청소기 로봇 청소기는 인공 지능 기술을 사용하는 가전제품 중 가정에 가장 먼저 들어온 축에 속해. 그 시기는 새로운 밀레니엄으로 넘어가던 시점, 그러니까 2000년 무렵이었지. 최근의 로봇 청소기는 초창기 제품보다 가격이 저렴할 뿐만 아니라 성능도 훨씬 더 좋아. 레이저로 거리를 측정하는 기능이 탑재되어 있어서 청소할 공간의 내부 구조는 물론이고 장애물의 위치까지 파악해. 심지어는 필요할 경우 혼자서 충전대로 이동하기도 하지. 잔디 깎이 로봇도 거의 똑같은 기능을 가지고 있어.

초창기 로봇 청소기는 제멋대로 돌아다녔어. 그래서 어디를 청소하게 되는지는 순전히 우연이었지.

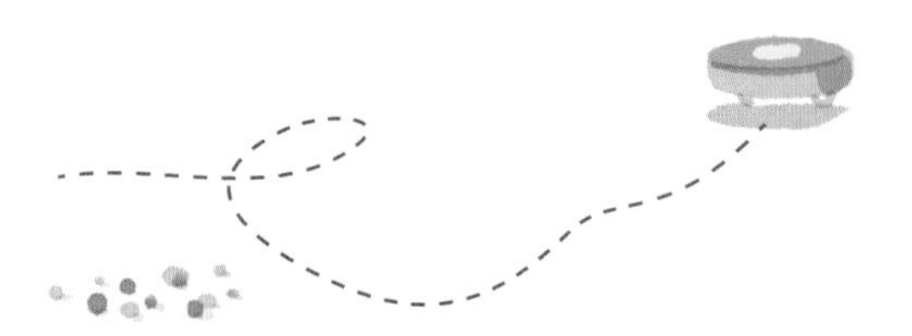

어디를 청소하지 않는지도 마찬가지고.

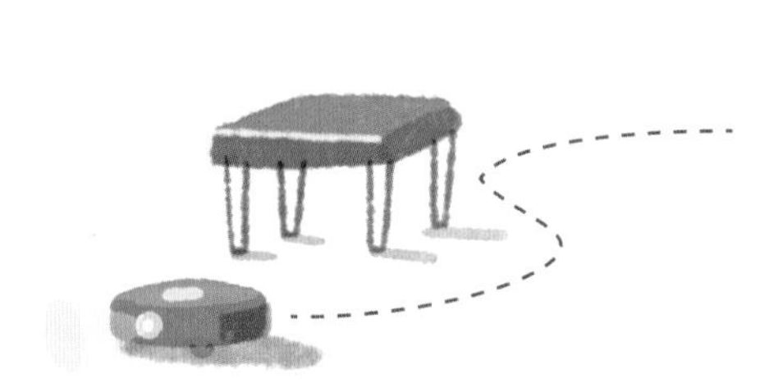

그다음에 나온 로봇 청소기에는 카메라가 장착되어 있어서 청소기가 청소할 공간 전체를 파악하고 구석구석 청소하는 것이 가능해졌지.

물론 충분히 밝을 때만 해당되는 말이지만.

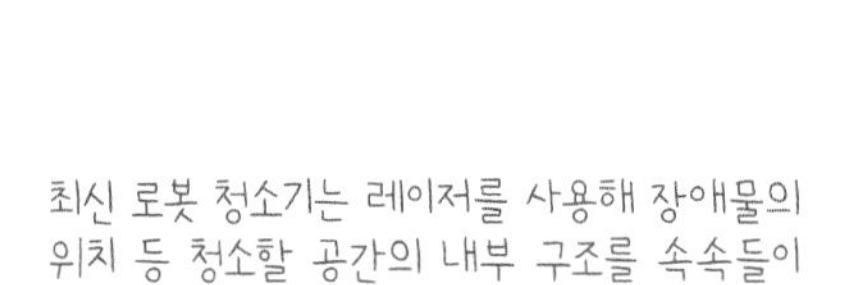

최신 로봇 청소기는 레이저를 사용해 장애물의 위치 등 청소할 공간의 내부 구조를 속속들이 파악할 수 있어.

스마트 냉장고는 안에 보관 중인 식재료와 식구들이 즐겨 먹는 요리를 고려해 메뉴를 제안하고 사야 할 것들을 알려 줘. 그 덕분에 음식물 쓰레기를 줄일 수 있지.

스마트 홈 시스템을 사용하면 블라인드나 조명, CCTV, 화재경보기나 난방 등 다양한 장치를 자동으로 움직이게 만들 수 있어. 앱을 통해 작동시키는 시스템이라 사용자가 집에 있을 필요도 없지. 스마트 홈 시스템을 구성하는 각 부분은 서로 메시지를 주고받을 수 있고 거기에 맞춰 상호 작용을 하기도 해.

인공 지능은 무엇을 해야 할지 어떻게 아는 걸까?

우리가 접하는 인공 지능의 형태는 아주 다양해! 그런데 로봇 청소기와 음성 어시스턴트*, 그리고 이미지 인식의 공통점은 뭘까? 바로 프로그램 코드가 깔려 있어서 일정한 규칙에 따라 움직인다는 점이야. 사실 어떤 컴퓨터든 처음에는 텅 비어 있는 기계에 불과해. 컴퓨터가 해야 할 일을 하기 위해서는 사용자의 지시가 필요한데 그걸 컴퓨터 용어로 '프로그래밍', 또는 '코딩'이라고 하지.

맛있는 시나몬롤을 굽는 과정에 빗대어 설명하면 상상이 될 거야.

시나몬롤을 구우려면 요리법이 필요해.

요리법은 컴퓨터의 프로그램에 해당돼.

요리법은 특정 언어로 쓰여 있는데, 예를 들어 독일어일 수도 있고 스웨덴어일 수도 있지. 요리법을 읽을 수 있는지 여부는 네가 그 언어를 배워서 이해할 수 있는지에 따라 결정돼.

인간과 컴퓨터가 공유하는 언어를 프로그래밍 언어라고 불러. 프로그래밍 언어의 종류는 현재 수백 가지가 있어. 아주 복잡한 것도 많지만 어떤 것들은 의외로 간단하기도 해. 프로그래밍 언어는 특정한 명령을 가리키는 단어와 약어, 기호와 화살표 등으로 이루어져 있어.

누군가 네가 이해할 수 있는 언어로 시나몬롤을 구울 때 어떻게 해야 하는지 지시 사항을 적어 놓았어.

컴퓨터가 따라야 할 지시 사항은 코드라고 해.

버터를 녹이고…
녹인 버터에 우유를 붓고
저은 다음에….

반죽을 만들기 위해서는 요리법의 지시 사항을 순서대로 정확하게 따라야 해. 정해진 순서에 따라 지정된 양만큼 재료를 넣어서 섞는 거야. 그렇게 해서 반죽이 완성되면 요리법에 적힌 온도에 맞춰 일정 시간 동안 굽는 거지.

프로그래밍에도 이렇게 하나하나 단계적으로 밟아야 할 과정이 있어. 그걸 알고리즘이라고 해. 알고리즘은 컴퓨터가 특정한 문제를 해결하기 위해 체계적으로 짜 놓은 일련의 절차나 방법이라고 할 수 있지.

네가 잠에서 깬 다면,
그럼 새벽 5시라도
부모님을 깨울 거야.

집의 초인종이 울린다면, 그럼 너는 문을 열겠지. 누군가 찾아왔다는 정보를 얻은 네가 그에 대응하는 행동을 하는 거야. 컴퓨터 프로그램이 작동하는 원리도 그와 같아. 특정 버튼을 누른다는 건 컴퓨터에 어떤 정보를 주는 것과 마찬가지야. 말하자면 초인종과 비슷한 거지.

네가 진흙 웅덩이를 본 다면,
그럼 재미 삼아 팔짝 뛰어들겠지.

엄마가 잠깐 지하실에 간 다면,
그럼 얼른 과자 통을 털겠지.

초인종을 누르는 걸 컴퓨터 용어로는 **이벤트**라고 불러. 이벤트가 있으면 그에 따른 반응으로 특정한 **동작**이 실행되지. 초인종이 울리면 문을 여는 동작이 이어지는 것과 마찬가지야. 정확히 어떤 동작을 실행시킬지는 프로그래머가 미리 결정해서 거기에 맞는 코드를 작성해.

프로그램 사용자는 이벤트를 발생시킬 수 있어. 예를 들어 스마트폰에서 카메라 버튼을 눌러 사진을 찍고 저장하는 게 그런 경우야. 때로는 프로그램이 알아서 이벤트를 발생시키기도 해. 시계 알람이 오전 6시 30분에 울리도록 설정해 놓으면 그 시각에 알람이 울리지.

로그인처럼 단순해 보이는 과정에도 발생 가능한 이벤트 전부가 프로그래밍을 통해 미리 정해져 있어.

컴퓨터가 지시 사항을 신속하게 처리하기 위해서는 많은 결정을 내려야 해. 물론 특정한 이벤트에 대해 어떻게 반응해야 하는지까지 스스로 결정하는 건 아니야. 어떤 이벤트가 발생하면 이미 정해져 있는 대로 반응할 뿐이지. 그래서 프로그래밍을 할 때는 발생 가능한 모든 이벤트에 대응해 어떤 작업이 실행될지를 정확히 지정해야 해. 그걸 **조건부 지시 사항** 또는 **if-then 조건문***이라고 해. 우리 일상생활에도 별로 오래 생각할 필요 없이 이루어지는 'if-then' 결정이 많이 있지. 다만 조건부 지시 사항을 반드시 수행하는 컴퓨터와는 달리 너는 초인종 소리를 듣고도 그냥 문을 열지 않기로 결정할 수도 있어.

인공 지능은 어떻게 학습할까?

정확한 지시 사항을 프로그래밍하려면 시간이 오래 걸려. 어쩌면 너도 어떤 물건이 어디에 있는지 전화로 설명해 본 적이 있을 거야. 결코 쉽지 않았을 걸? 마찬가지로 누군가에게 무언가를 자세하게 설명해 주고 나서 그걸 그려 보라고 한다면, 그 사람이 그린 그림이 과연 네가 머릿속에 떠올렸던 것처럼 보일까?

기계 학습의 경우는 개별적인 작업을 일일이 프로그래밍할 필요가 없어. 시스템이 주어진 데이터에서 일정한 패턴을 스스로 파악해 결론을 내거든. 특정 결론과 연관된 데이터를 알고리즘에 제공하는 방법도 있어. 그러면 알고리즘은 그 데이터와 연관 지어 결론 내리는 법을 스스로 학습하는 거지.

우리가 무언가를 처음으로 배울 때에는 실수가 잦은 것처럼 알고리즘도 기계 학습 초기 단계에서는 데이터를 충분히 파악하지 못했기 때문에 실수를 많이 해. 알고리즘은 그런 실수가 반복되지 않으려면 자신에게 어떤 설정이 필요한지 스스로 알아내. 그리고 더 이상 실수하지 않을 때까지 그 과정을 되풀이하는 거야. 그러고 나면 이전에 본 적 없는 데이터가 제시되어도 거의 항상 올바른 결론을 내려.

스팸 메일 필터의 작동 원리

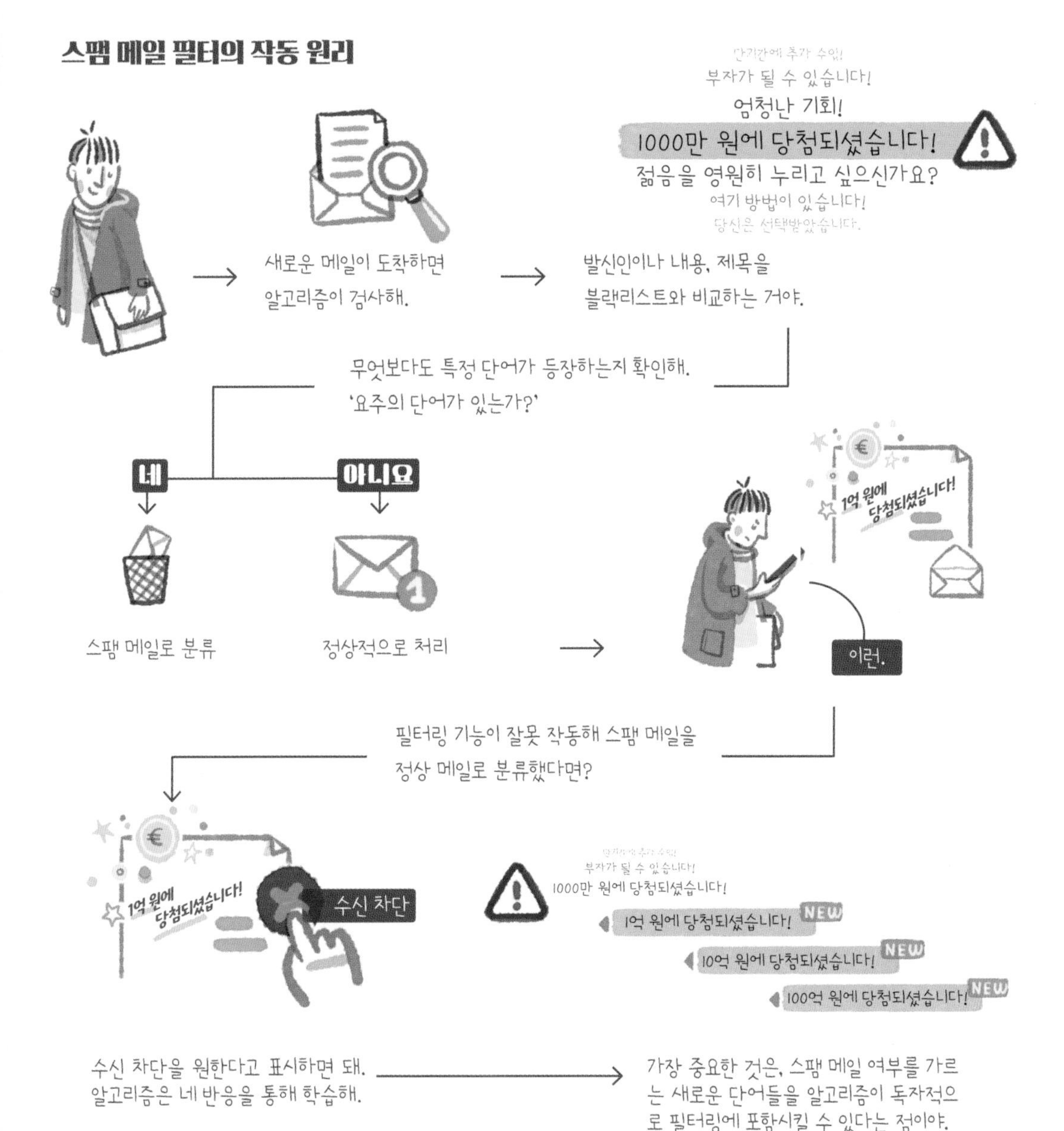

데이터와 관련해서 알려진 결과가 없는데 새로운 정보를 찾고 싶은 경우에도 기계 학습을 사용할 수 있어. 그런 경우 데이터 간의 유사성을 검색하는 등 다른 형태의 알고리즘이 필요해.

사람은 기계 학습을 통해
기계를 훈련시킬 수 있어.

기계 학습의 발전된 형태가 딥 러닝이야. 딥 러닝에서는 소위 말하는 '신경망'이 알고리즘으로 사용돼. 신경망은 여러 층이 줄지어 연결된 모습을 하고 있어서 학습 능력의 유연성을 높여 줘. 거기에 엄청난 양의 데이터가 제공되지. 딥 러닝 시스템도 실수를 통해 학습하고 학습 단계를 거칠 때마다 점점 더 최적화된 상태로 발전해. 이런 과정에 사람은 전혀 개입할 필요가 없어. 자신의 상태에 대한 평가도 기계 스스로 하는걸. 딥 러닝 기능은 음성 인식과 얼굴 인식, 그리고 이미지나 비디오 영상 분류 작업에 특히 유용해. 최신 딥 러닝 시스템은 심지어 혼자서 글을 쓰거나 아주 사실적인 이미지를 생성할 수도 있어.

딥 러닝 시스템에서는
기계가 스스로 훈련해.

기계는 어떻게 사진에 있는 것이 고양이인지 강아지인지 알 수 있을까? 단순한 형태의 기계 학습에서는 사람이 미리 이미지에 제목을 붙여. 어떤 사진이 고양이를 찍은 것이고 어떤 사진이 강아지를 찍은 것인지 표시해 놓는 거야. 그럼 인공 지능이 그 데이터를 가지고 훈련하는 거지.

반면에 딥 러닝은 이미지들을 신경망에 있는 다양한 계층으로 보내. 각각의 계층이 눈이나 콧수염, 코, 털, 귀 또는 얼굴 모양에 나타난 일정한 특징을 분석해서 고양이인지 강아지인지 결론 내리는 거야.

딥 러닝에서 연결을 생성하는 데 사용되는 **인공 신경망은 어떻게 작동할까?**
그걸 이해하기 위해서는 인간의 뇌를 살펴보는 게 가장 좋은 방법이야.

인간의 뇌에는 뉴런이라고 불리는 신경 세포가 수십억 개 있는데 이 뉴런들은 서로 연결되어 있어.

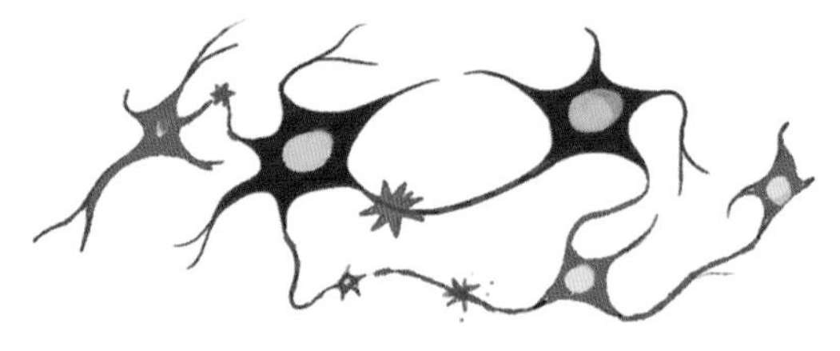

연결된 뉴런들 사이에서 정보가 전기 신호 형태로 전달돼.

우리가 무언가를 배우면 뉴런에 새로운 연결이 생겨.

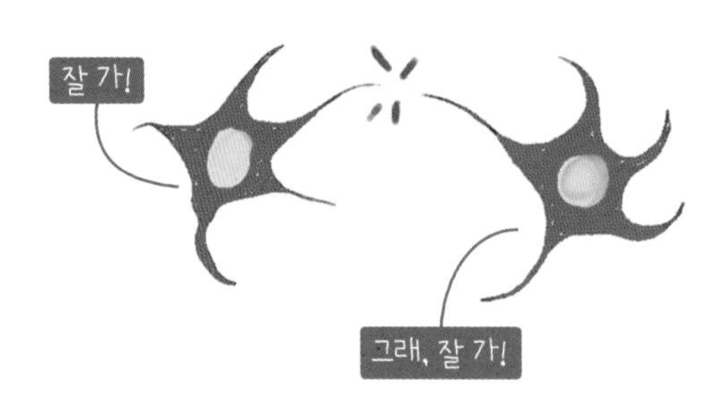

오랫동안 사용되지 않은 연결은 점점 약해지다가 결국은 완전히 사라지고 말아. 그때 우리는 무언가를 잊어버리는 거지.

약삭빠른 고양이가 밤눈이 어둡다….
여우였나? 아닌데, 뭐였더라?

인공 지능도 인공 신경망을 사용해.

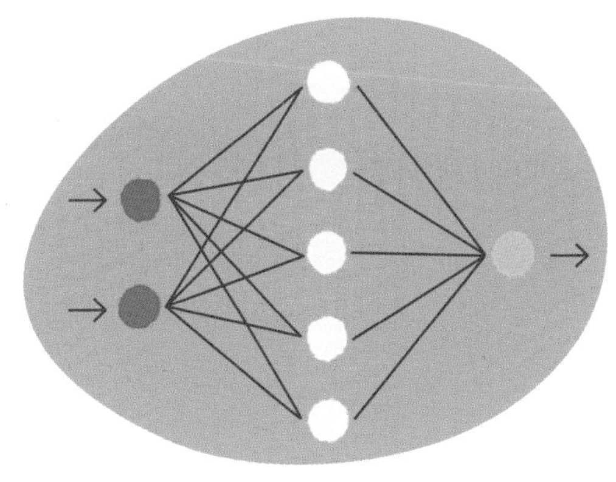

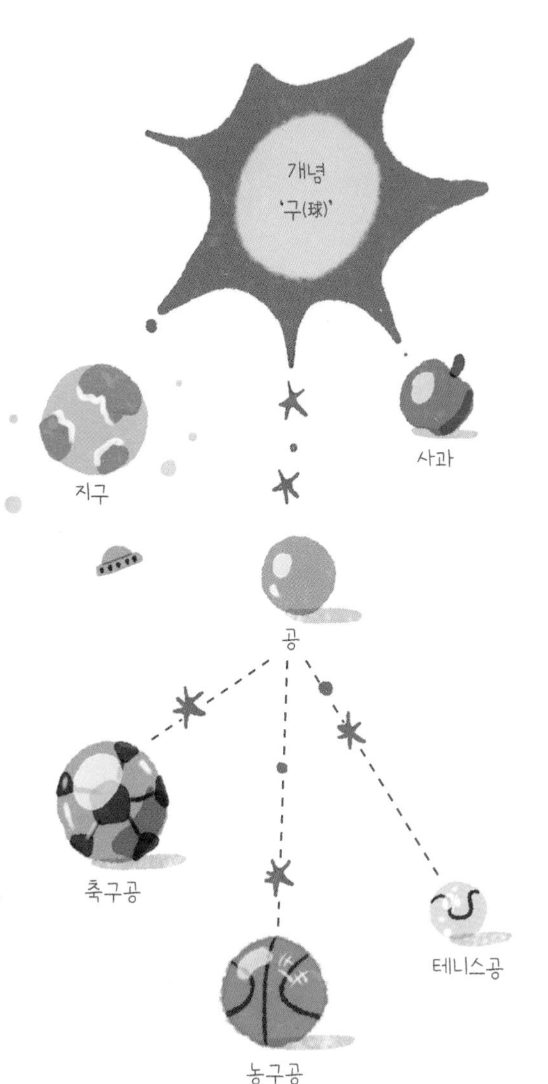

인공 지능은 독자적으로 신경 세포 사이에 새로운 연결을 만들 수 있어. 스스로 학습하는 거지.

인간의 뇌와는 달리 인공 지능이 만든 연결은 약해지지 않아. 아무리 작은 정보라도 저장된 상태로 남아 있지.

하지만 연결 정도에 강약의 차이는 있어. 인공 지능은 사용 빈도가 낮은 연결을 별로 중요하지 않다고 판단해. 자주 사용되는 연결은 중요하고 또 그런 의미에서 강한 연결인 거야.

인공 지능에게 빅 데이터란?

인공 지능 시스템에는 엄청나게 많은 데이터가 필요해. **데이터가 많아야만 인공 지능이 패턴을 인식하면서 점점 성능을 높여 갈 수 있으니까.** 데이터는 더 이상 사용자의 컴퓨터에 저장된 것들에만 국한되지 않아. 인터넷에 있는 것들을 사용할 수도 있지. 사용 가능한 데이터의 양이 많을수록 인공 지능은 더 많은 종류의 문제, 그리고 더 어려운 문제를 해결할 수 있어.

하지만 데이터의 양만 중요한 게 아니야. 필요한 모든 정보를 제공하는 데이터라야만 해. 인공 지능 시스템이 얼마나 잘 작동하느냐는 학습에 사용되는 데이터의 양과 질에 따라 좌우되거든. 예를 들어 얼굴 인식 기능이 제대로 작동하려면 아주 다양한 고품질의 얼굴 사진 데이터가 충분히 제공되어 반복적인 시험을 거쳐야 해. 그런 다음에야 비로소 인공 지능 시스템이 독자적으로 새로운 데이터에 대한 결론을 내리고 얼굴을 인식할 수 있어.

많은 스마트폰이 얼굴 인식과 피사체 인식 소프트웨어를 사용해. 그 덕에 우리는 사진을 여러 장 놓고 그중에서 생일 케이크 사진이나 어떤 사람 사진만 따로 모아서 보여 달라고 할 수 있어.

인공 지능이 수행할 과제가 늘어나면 새로운 데이터로 추가 학습을 해야 해. 앞으로는 얼굴 인식 시스템이 성인뿐 아니라 어린이의 얼굴도 인식해야 하는 것처럼 말이야. 코로나19가 유행하던 시기에는 인공 지능이 마스크를 착용한 얼굴 이미지로 학습해야 했어.

인터넷을 이용할 때처럼, 디지털 환경에서 우리 모두가 함께 끊임없이 생성하는 거대한 규모의 데이터를 빅 데이터라고 불러.

모든 사람이 한 번 클릭할 때마다, 온라인으로 상품을 구매할 때마다, 내비게이션 시스템에 목적지를 입력할 때마다, 혹은 통화할 때마다 데이터가 생성되기 때문에 방대한 양의 데이터가 놀라운 속도로 쌓여 가고 있어. 오늘날 단 몇 분 사이에 증가하는 데이터의 양은 인류가 태초부터 2002년까지 축적한 데이터의 양과 맞먹을 정도야.

빅 데이터는 이런 방대한 데이터를 검색하고 정리하는 인공 지능 기술을 가리키는 용어이기도 해. 예를 들어 인공 지능 채팅 모델인 '챗 GPT'는 엄청난 규모의 데이터를 활용해 이야기, 노래 가사, 연설문, 시 등을 써내는데 사람이 쓴 것과 구별할 수 없는 경우가 종종 있을 정도야. 또 아주 짧은 시간 안에 다양한 프로그래밍 언어로 프로그램 코드를 작성할 수도 있어. 챗 GPT는 사용될 때마다 추가 데이터를 통해 지속적인 학습이 가능한 덕분에 점점 더 성능이 좋아져. 챗 GPT 시스템이 도입된 지 두 달 만에 이용자가 1억 명이 넘었어.

챗 GPT에 질문
티라노사우루스가
비행기를 조종할 수 있어?
챗 GPT는 관련 있는
데이터를 불러와서 검토해.
지구상에 공룡이 존재했던 시기가 언제인지, 그리고 비행기는 언제 발명되었는지 등을 확인하는 거야.
멸종!
인공 지능은 비행기와 공룡의 크기, 공룡의 신체적 특성, 비행기의 제작과 조종, 대기 상태 등 필요한 자료를 검색해서 결론을 도출할 수 있어.
5,2 m
너무 큼!
1,45 m
12 m
챗 GPT에서 가능한 답변

아니요. 공룡은 수백만 년 전에 멸종했으므로 비행기 조종은 불가능합니다.
그리고 설령 티라노사우루스가 아직 살아 있더라도 비행기를 조종할 수 없을 것입니다.
비행기 안의 모든 것이 인간에게 맞춰져 있기 때문에 조종석에 들어가지 못할 것입니다.

어떤 상품이나 서비스를 인터넷으로 추천받은 적이 있을 거야. 그런 추천은 빅 데이터를 기반으로 이루어져.

혹시 부모님과 함께 온라인 상점에서 물건을 주문한 경험이 있지 않니? 그럼 이런 식의 문구가 뜨는 걸 본 적이 있을걸.

이 튜브를 구매하신 다른 고객께서
이런 모자도 구매하셨습니다.

이런 추천은 수백만 건에 달하는 다른 고객의 구매 데이터를 실시간으로 분석해 참고한 거야. 분석 결과를 바탕으로 네가 관심 가질 가능성이 높은 상품을 추천하는 거지.

인공 지능이 그렇게 똑똑하다면 왜 나한테 비슷한 모자가 이미 있다는 사실을 모르는 거예요?
아마 인터넷으로 주문한 게 아니라서 그럴 거야.
호수에 가게 어서 준비하고 나와!

소셜 미디어에 표시되는 내용을 결정하는 것도 인공 지능이야. 인스타그램이나 틱톡 같은 소셜 네트워크에서 누구랑 교류하는지, 어떤 게시물을 올리고 공유하는지를 통해서 인공 지능은 우리가 뭘 가장 좋아하는지, 가장 많이 클릭하는지 파악해. 그리고 우리가 팔로우할 만한 사람을 소개하지.

비디오 스트리밍 서비스는 방송 프로그램이나 드라마, 영화 등을 추천해 줘. 알고리즘이 우리가 이미 본 영상물의 대본과 등장인물, 장소, 그리고 장르를 파악하는 거야. 액션 영화를 많이 본 사람에게 추천하는 영상은 고양이가 나오는 걸 즐겨 보거나 마술의 기초에 관한 영상을 자주 시청하는 사람에게 추천하는 영상과는 당연히 다를 수밖에 없어. 우리가 동영상의 재생 버튼을 누를 때마다 알고리즘에 새로운 데이터가 추가되는 거야.

네가 휴대폰에서 메시지를 작성할 땐 휴대폰의 **자동 완성 기능**이 학습을 해. 어떤 단어를 자주 사용하는지 알아내는 거야. 네가 친구 이름이나 집 주소 같은 걸 입력할 때, 앞의 한두 글자만 쳐도 자동 완성 기능이 이어서 나올 글자들을 제안하지.

내 데이터는 누가 보호할까?

‘가장 안전한 컴퓨터는 못 쓰는 컴퓨터’라는 말은 정보 기술 보안 업체에서 가끔 쓰는 표현이야. 하지만 우리는 컴퓨터를 쓸 수밖에 없지. 그래서 ‘일반 데이터 보호 규정(DSGVO)’이라는 게 생겼어. 유럽 연합(EU)에서는 데이터가 어디에 얼마나 오래 보관되는지 사전에 정해 둬. 공공 기관이나 개인 기업은 정보 제공자의 명확한 동의가 있어야만 개인 정보를 수집·보관하고 전달할 수 있어. 이름과 생년월일, 주소, 머리색과 눈동자 색, 은행 정보, 혹은 성적 증명서나 졸업 증명서 등이 개인 정보에 포함돼.

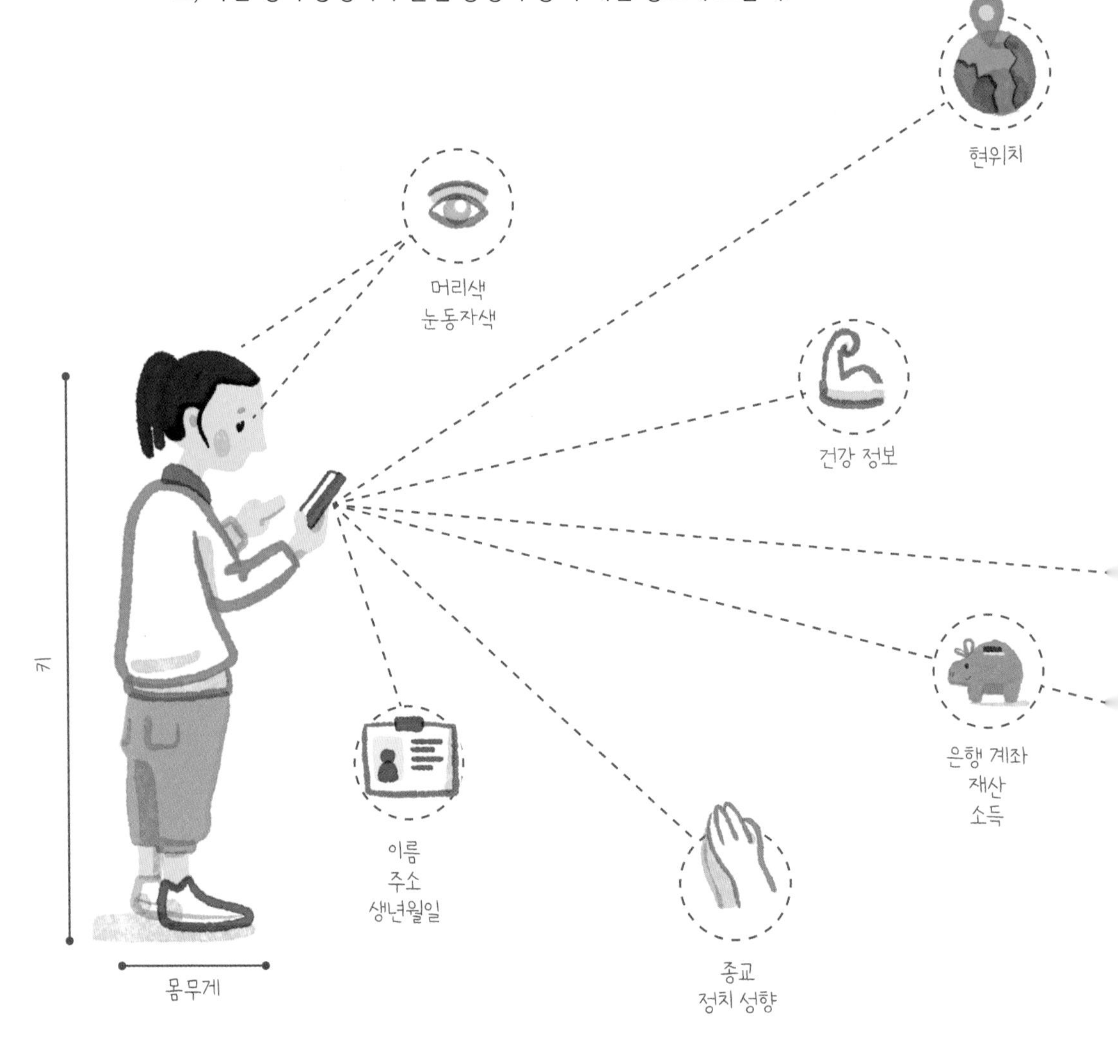

연구를 위해 본인의 건강에 관한 정보를 제공할 생각이 있습니까?

79%

네,
중요한 일을 위해서니까요.

21%

아니요,
원하지 않습니다.

★독일의 대표적인 여론조사 기관 포르자(Forsa)가 2019년 18세 이상 독일인 1000명을 대상으로 실시한 설문 조사 결과

개인 정보가 아닌 데이터라면 이러한 보호 규정이 적용되지 않으니까 임의로 사용해도 괜찮아. 그런 이유로 데이터 집단에서 개인 정보만을 추출해 제거하는 기술이 있어. 어떤 데이터들은 의료 연구에 있어 아주 중요해. 신약 개발이나 희귀병 발견에 도움이 되기도 하거든. 건강과 신체 단련에 관련된 특정한 앱을 사용하는 동안 사람들은 연구를 위해 자신의 디지털 건강 정보를 제공할 수 있지.

성적 증명서
졸업 증명서 등
학력 정보

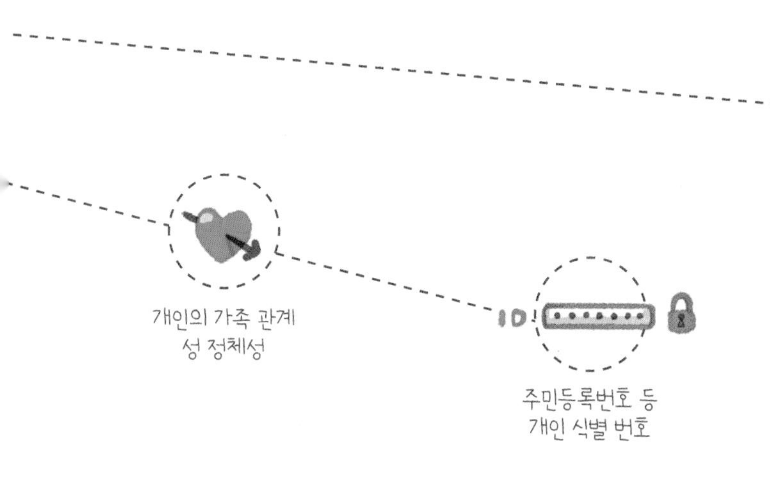

솔직히 말해서 우리가 더 이상 개인 정보를 공개하지 않겠다고 결정하기는 쉽지 않아. 개인 정보를 제공하지 않으면 실용적인 서비스를 이용하지 못하게 될 테니까. 그래도 우리 데이터가 나쁜 용도로 사용되는 걸 방지하는 데 도움이 될 몇 가지 방법이 있어.

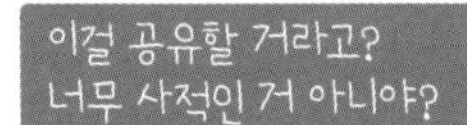

안전한 비밀번호를 사용해.

이메일에 딸린 모르는 첨부 파일은 절대로 열지 마.

온라인에 사진이나 메시지를 올리고 싶으면 그 전에 반드시 심사숙고할 필요가 있어. 한번 인터넷에 올라간 건 전 세계 어디서나 볼 수 있고 검색 엔진에서 찾을 수도 있거든.

실명 대신 별명을 사용하는 게 좋아.

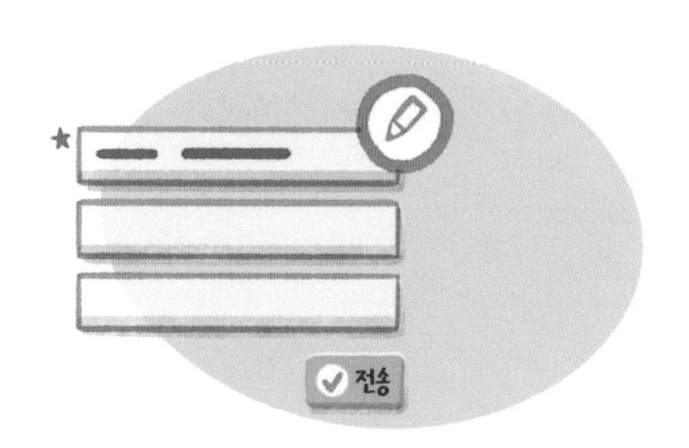

개인 정보 공개는 가능한 한 최소한으로 해.

스팸을 무시해.

바이러스 방지 프로그램과 방화벽으로 컴퓨터를 보호하고 무선 랜 연결에 비밀번호를 설정해.

소셜 미디어에서 비공개 설정을 활성화하고 인터넷 브라우저의 보안 설정을 유지해.

학교나 도서관 혹은 인터넷 카페와 같은 공공장소에서 컴퓨터를 사용할 때는 개인 정보를 입력하지 마.

여기 공용 무선 랜이 있어. 얼른 오늘 밤 묵을 숙소를 예약해야겠다.
Zentrum
비밀번호가 설정된 네트워크를 찾을 때까지 기다리는 게 좋겠어.

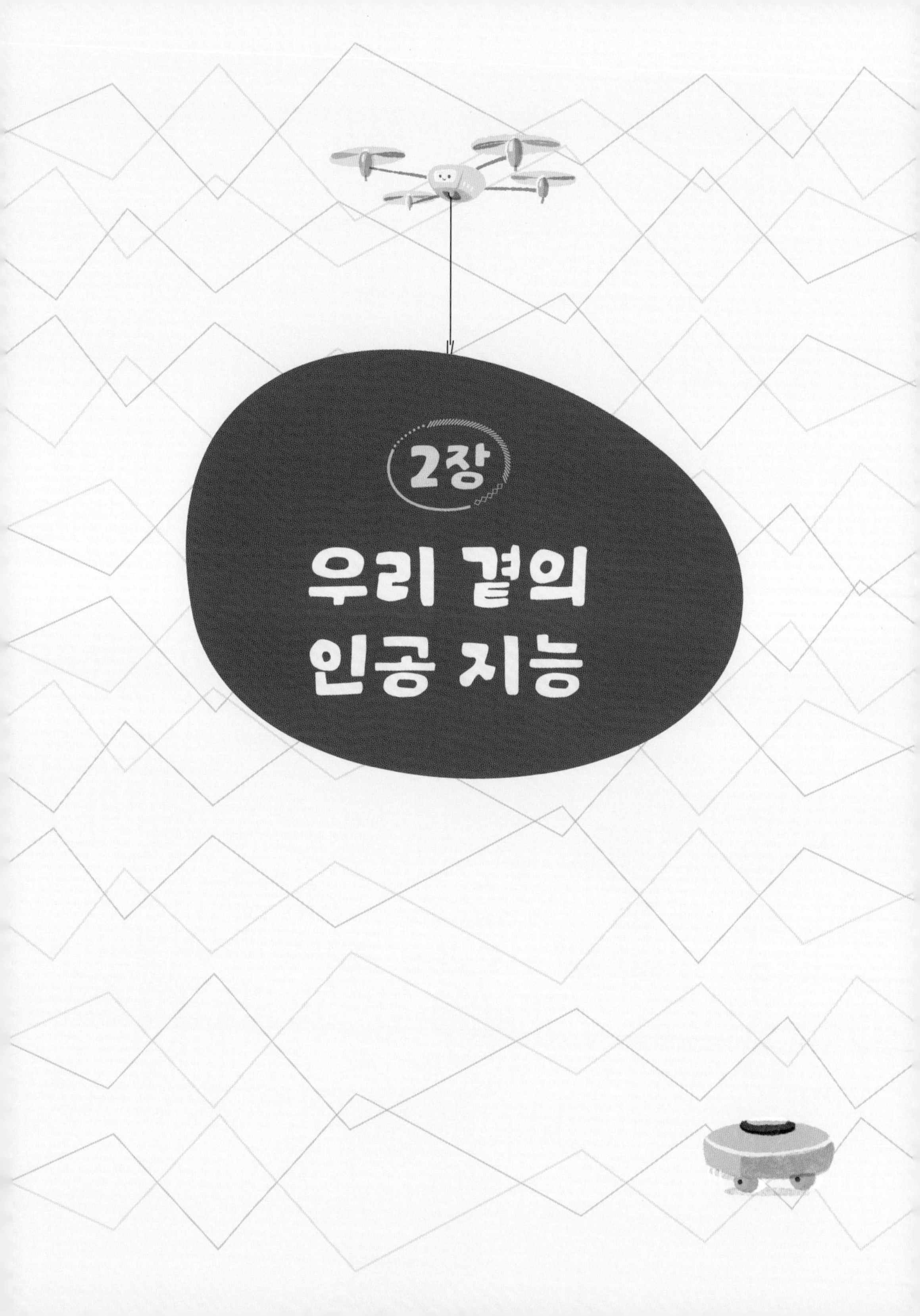
2장
우리 곁의
인공 지능

인공 지능이 선생님?

인공 지능은 개인의 학업 성취도에 맞춰 누군가가 문제를 아주 쉽게 풀 수 있을지, 아니면 아직 혼자서는 풀지 못할지 판단해. 이 기능은 특히 수학과 컴퓨터 과학, 자연 과학과 기술 분야의 수업에 매우 효과적이야. 그런 과목에서 규칙이 큰 역할을 하거든. 물론 언어를 배우는 데에도 인공 지능이 도움이 될 수 있어.

인공 지능은 학생의 수준에 맞는 문제를 찾아 주고 그 문제를 맞게 풀었는지 검사해. 그 덕분에 교사는 설명을 다시 해 주거나, 학생들 사이의 다툼을 중재하거나, 소풍을 준비하는 등 다른 일에 더 많은 시간을 할애할 수 있지.

수업 시간 외에도, 교사들은 창의적으로 새로운 수업을 준비할 수 있어. 왜냐하면 앞으로는 인공 지능이 시험 평가를 아주 간편하게 만들어 교사들에게 훨씬 더 많은 여유가 생길 테니까. 아시아와 미국, 그리고 이스라엘에서는 꽤 오래전부터 학교에 인공 지능 프로그램을 도입했어. 수업과 학교 행정에 사용되는 인공 지능 프로그램 대부분은 중국과 미국에서 만든 거야.

물론이지!
여기서 어떻게 해야 할지 모르겠어요.
가르쳐 주실 수 있어요?

인공 지능에게도 창의성이 있을까?

음악으로 수백만 명에게 감동을 준 사람들이 있어. 대표로 예전에는 작곡가 '모차르트'가 있었고, 요즘은 가수 '에드 시런'이나 '레이디 가가'가 있지. 그런 사람들처럼, 컴퓨터도 창의력을 발휘할 수 있을까?

음악학자와 작곡가, 컴퓨터 과학자 등 전문가로 구성된 팀이 거의 200년 전에 사망한 루트비히 판 베토벤의 스케치*를 가지고 인공 지능의 도움을 받아 미완성 교향곡을 완성하는 프로젝트가 있었어.

1888년, 반 고흐는 항상 해가 뜨자마자 그림을 그리기 시작했어. 해바라기가 너무 빨리 시들었거든. 그렇게 해서 한 달 동안 작품 네 개를 완성했지.

이를 위해 컴퓨터에는 베토벤이 작곡한 모든 악곡과 그가 남긴 기록들, 그리고 동시대 작곡가들의 작품이 데이터로 주어졌어. 그 데이터를 통해 인공 지능은 고전주의 시대의 전형적인 작곡 방식을 학습했지. 현대 가요는 클래식 곡과 아주 다르게 들리잖아.

프로그램은 인공 지능의 학습 내용을 토대로 미완성이었던 교향곡으로부터 수많은 완성곡을 만들어 냈어. 전문가들은 이 곡들을 검토해 베토벤 곡의 특징을 가장 잘 반영한다고 생각되는 부분들을 뽑았지. 그리고 다시 인공 지능이 그 부분들을 새롭게 연결하게 했어. 그런 식으로 베토벤의 미완성 교향곡은 점점 더 형태를 갖추어 갔어. 최종적으로 완성된 곡이 독일의 본(Bonn)에서 처음 공연되었는데, 결과는 대성공이었대!

인공 지능은 그림을 그리기도 하고 시를 비롯한 여러 가지 종류의 글을 쓰기도 해. 심지어는 요리법을 개발하기도 하지.

'DALL·E'라는 텍스트-이미지 생성 인공 지능 모델은 몇 가지 단어만 있으면 몇 초 안에 이미지를 생성해.

인공 지능은 우리보다 공평할까?

인간의 뇌는 다른 사람에 대해 아는 것이 거의 없는 상태에서도 아주 빨리 그 사람에 대해 판단을 내리는 경향이 있어. 그건 '후광 효과*'때문이야.

너도 분명히 이런 경험을 한 적이 있을 거야. 어떤 아이를 처음 만났는데 그 애가 친절하게 네 이름을 묻고 너한테 비스킷을 권한다면 너는 당연히 걔를 아주 괜찮은 애라고 생각하겠지. 반면에 처음 보는 애가 너한테 전혀 관심이 없으면 아마 못된 애라고 여길걸.

우리가 상대방에 대해 그렇게 빨리 판단을 내리는 건 의식적으로 일어나는 일이 아니야. 그래서 쉽게 바꿀 수가 없어. 바로 이런 이유 때문에 최근 들어 대기업의 인사 부서에서는 종종 인공 지능을 사용하고 있지. 직원을 새로 채용할 때, 알고리즘이 미리 지원자들의 서류를 읽고 특정 능력과 키워드를 중심으로 일정한 기준을 통과한 지원자를 뽑아. 채용 담당자가 지원자들의 이력서를 일일이 읽어 볼 필요가 없게 된 거야. 그리고 인공 지능 시스템을 도입하면 인간적인 호감이 어떤 사람의 채용 여부에 영향을 미치는 일이 줄어들어. 사실 우리는 친절하다고 생각되는 사람이나 우리와 비슷한 사람을 보면 어쩐지 더 신뢰하는 경향이 있거든. 반면에 인공 지능은 주어진 자격 조건만을 기준으로 지원자들을 엄격하게 분류하지.

새로운 알고리즘으로 남성 지원자들을 사전 선발했습니다. 알고리즘은 철저하게 중립을 지킵니다. 피부색은 전혀 고려하지 않도록 훈련되었기 때문에 자격만 따지지요.
남성 지원자들만요? 이런, 이런!
앗, 죄송합니다. 남녀 모두입니다.

인공 지능은 아주 공정해. 감정이나 직관에 의존하지 않고, 누군가에게 더 호감을 갖는 일도 없어. 그런데도 불구하고 공정하지 않은 결정을 내릴 수도 있어. 심지어는 차별할 수도 있지. 어째서 그럴까? 인공 지능 기술 자체는 어떤 차이도 두지 않지만, 그 기술을 적용하는 인간으로부터 차이를 학습할 수 있거든. 그런 일은 종종 의도하지 않았는데도 발생해. 이런 문제가 있을 수 있어. **인공 지능의 토대인 데이터가 왜곡되어 있는 거야.** 예를 들어 어떤 회사에서 과거에 여성들이 불이익을 받았다면, 알고리즘은 여자 직원의 성장 가능성을 낮게 평가할 거야. 데이터가 남자 직원들이 더 자주 승진한 사실만을 명백하게 보여 주기 때문이지.

그러니까 채용이나 승진에 관한 기존 데이터에 사람들의 선입견 때문에 생긴 불공정한 측면이 있으면, 그 데이터를 바탕으로 학습한 인공 지능 또한 불공정한 부분을 그대로 받아들이는 거야.

여러분,
이제 면접을 시작하겠습니다.

오늘은 아이스크림이
많이 팔리고…
피부가 햇볕에 탄
사람이 많은걸.

피부가 햇볕에 타면
아이스크림을
사는 걸까?

아, 그렇구나.
햇볕에 탄 피부를
아이스크림으로
식히나 보네!

또 다른 문제는 **데이터가 불완전하다**는 점이야. 예를 들어 얼굴 인식 인공 지능이 백인 사진 위주로 학습한 경우 다른 피부색은 제대로 인식할 수 없어.

데이터의 양이 방대하면 다양한 사실끼리 서로 연관성을 가진 것처럼 보이는 경우가 많아. 그런데 가끔 **논리적 오류가 발생**할 수 있지. 실제로는 그렇지 않은데도 한 가지 사실이 다른 사실의 원인으로 간주되는 거야. 예를 들어 더운 여름날엔 피부가 햇볕에 탄 사람들이 많고 아이스크림을 사는 사람들도 많아. 서로 관련이 있어 보이지. 하지만 둘 사이의 연관성은 우연한 것일 수도 있고, 아니면 둘 다 더운 여름 날씨라는 제3의 변수가 원인으로 작용한 결과일 수도 있어.

당연히 아니죠. 둘 다
햇볕 때문이잖아요!

인공 지능은 차별에 대한 대응책으로 사용될 수 있어. 예를 들어 인터넷상에 난무하는 혐오 발언에 대응하는 거야. 상대방을 모욕하거나 위협하는 말을 혐오 발언이라고 하는데, 그 가운데 일부는 심지어 법에 위배되기도 해. 이런 혐오 발언은 온라인에 널리 퍼져 있지. 16세부터 64세까지의 사람 열 명 중 한 명이 그런 유형의 괴롭힘을 당한 적이 있다는 연구 결과도 있어. 미디어 회사들은 매일 수천 개의 혐오 발언 댓글을 걸러 내고 삭제하거나 이에 대응해 법적 조치를 취하는데, 처리할 양이 엄청나니 감당하기가 힘들지.

바로 그럴 때 인공 지능이 도움을 줄 수 있어. 댓글에 담긴 45가지 종류의 다양한 감정을 자동적으로 파악하는 알고리즘이 벌써 나와 있어. 알고리즘은 부정적인 감정만이 아니라 긍정적인 감정도 인식해. 디지털 공간의 언어가 빠르게 변화된다는 점을 감안할 때, 인공 지능에는 독자적으로 새로운 표현을 블랙리스트에 올릴 수 있는 기능이 있어야 해. 블랙리스트에 오른 표현이 포함된 댓글이 있으면 인공 지능이 바로 삭제하거나 사이트 운영자에게 보내 평가를 받아. 인공 지능은 개별적인 단어만이 아니라 맥락도 파악해야 해. 같은 문장이라도 맥락에 따라 의미가 아주 달라질 수 있거든.

인터넷상이라도 본인이 하고 싶은 말을 다 해서는 안 돼. 거짓말이나 모욕적인 발언을 하면 법적인 처벌을 받을 수도 있어. 실생활에서 표현의 자유에 한계가 있어 다른 사람에게 심각한 상처를 입히는 일이 허용되지 않듯이 인터넷상에서도 마찬가지야. 소통 과정에서 따라야 할 규칙을 웹사이트나 소셜 미디어가 자체적으로 정할 수도 있어.

전기 먹는 하마? 기후 보호기?

전 세계에서 소비되는 에너지의 약 10퍼센트는 인터넷이 차지해. 인공 지능이 사용되는 분야가 점점 더 늘어나는 추세로 보아 전기 소비에서 인공 지능이 차지하는 비중도 커지겠지. 인공 지능 사용의 배후에는 컴퓨터와 데이터 센터, 그리고 데이터 전송 네트워크가 있거든. 그것들이 제대로 작동하기 위해 필수적으로 생산되어야 하는 전기의 양이 어마어마해. 게다가 이산화탄소 배출량도 많지. 그렇기 때문에 재생 에너지원에서 가능한 한 많은 전기를 생산하는 일이 무척 중요해.

매사추세츠 대학 연구원들이 인공 지능 프로그램 한 개가 작동 준비를 완전히 마칠 때까지 배출되는 이산화탄소의 양을 계산해 보았더니 283톤이었대. 자동차 다섯 대가 생산 과정부터 운행 기간 내내 배출하는 전체 이산화탄소의 양과 맞먹는 셈이지! 연구원들은 그걸 계산해 내기 위해 자연어 처리 분야에서 성능 개선에 가장 기여도가 큰 인공 지능 네 개를 조사 대상으로 삼았어. 각각의 인공 지능을 하루 종일 학습시키면서 전력 소비량이 얼마나 되는지 측정한 거야. 그리고 그 결과로 나온 수치에 개발자들이 인공 지능을 훈련시키는 데 걸렸던 전체 시간을 곱했지.

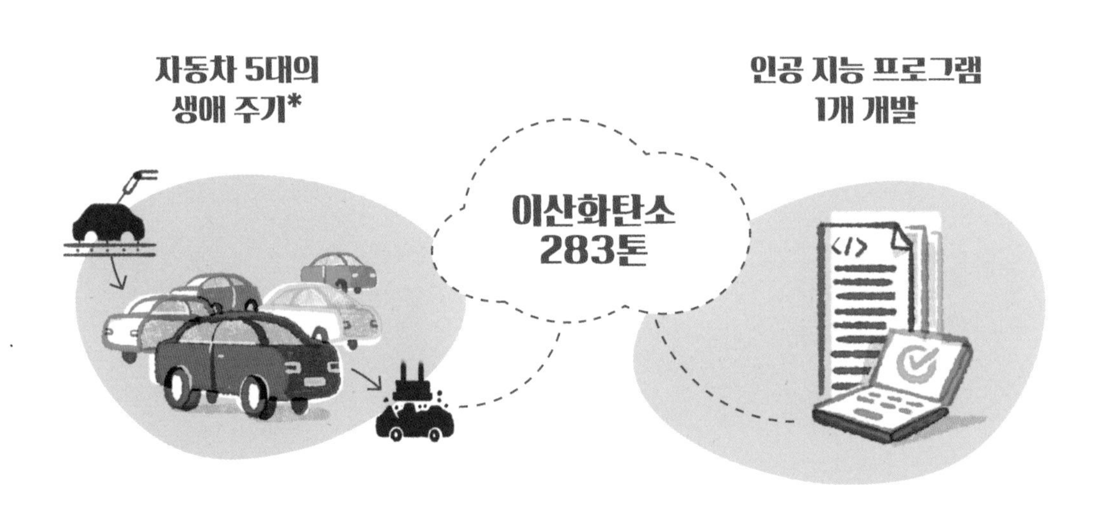

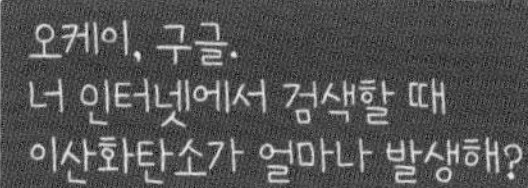

오케이, 구글.
너 인터넷에서 검색할 때
이산화탄소가 얼마나 발생해?

약 0.2그램입니다.
참고로 차를 마시려고 물을
끓일 때 발생하는 이산화탄소의
양과 비슷합니다.

인공 지능의 에너지 문제에 대한 연구는 그동안 매우 활발하게 진행되어 왔어.

이른바 양자 컴퓨터는 동일한 작업을 수행하는 데 필요한 정보 처리 능력이 기존의 컴퓨터보다 훨씬 더 적어. 그래서 에너지가 덜 들지. 하지만 양자 컴퓨팅 기술은 아직 개발 초기 단계에 있어.

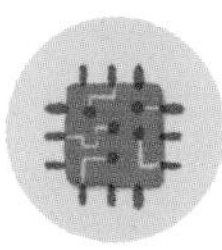

프로세서*는 모든 컴퓨터의 핵심이 되는 장치로, 주어진 과제를 일정한 절차에 따라 단계적으로 처리해. 그 과정에서 본의 아니게 열이 발생하는데, 그건 그만큼 에너지가 손실된다는 뜻이지. 광학 프로세서는 작업 과정에서 생기는 열 손실이 적어.

프로세서 냉각에 쓰이는 전력은 컴퓨터의 전력 소비량에서 큰 부분을 차지해. 대부분의 경우 여기서 나오는 열은 그냥 외부로 방출되지만 난방에 재활용되는 경우도 있어.

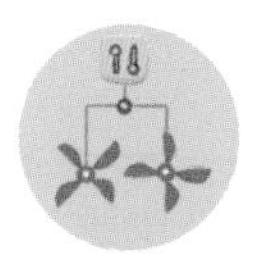

인공 지능의 도움으로 데이터 센터를 보다 효율적으로 냉각시킬 수 있어. 그럼 에너지가 절약되지.

데이터 센터 운영에는 친환경 전기가 사용되는 것이 바람직해.

현재 우리 인류가 직면한 아주 큰 문제 중 하나가 기후 변화야. 지난 100년 사이에 지구 온도는 약 섭씨 1도가 올라갔어. 대단한 일이 아닌 것처럼 들리지만 실제로는 심각한 결과를 초래해. 태풍과 폭우, 폭염, 그리고 장기간에 걸친 가뭄 등 극심한 이상 기후 현상이 그 예지. 그 때문에 산불과 홍수 같은 재해가 점점 더 많이 발생하고 많은 동식물이 멸종 위기에 처해 있어. 이러한 기후 변화 문제에 대응하는 데 인공 지능 기술이 도움이 될 수 있어.

인공 지능은 쓰레기를 더 잘 분류하는 데 사용될 수 있어. 쓰레기가 재활용되려면 그 전에 각각의 성질에 따라 분류가 되어야만 해. 그러니까 인공 지능을 활용해 분류를 더 잘하면 그만큼 재활용 비율이 높아지는 거야.

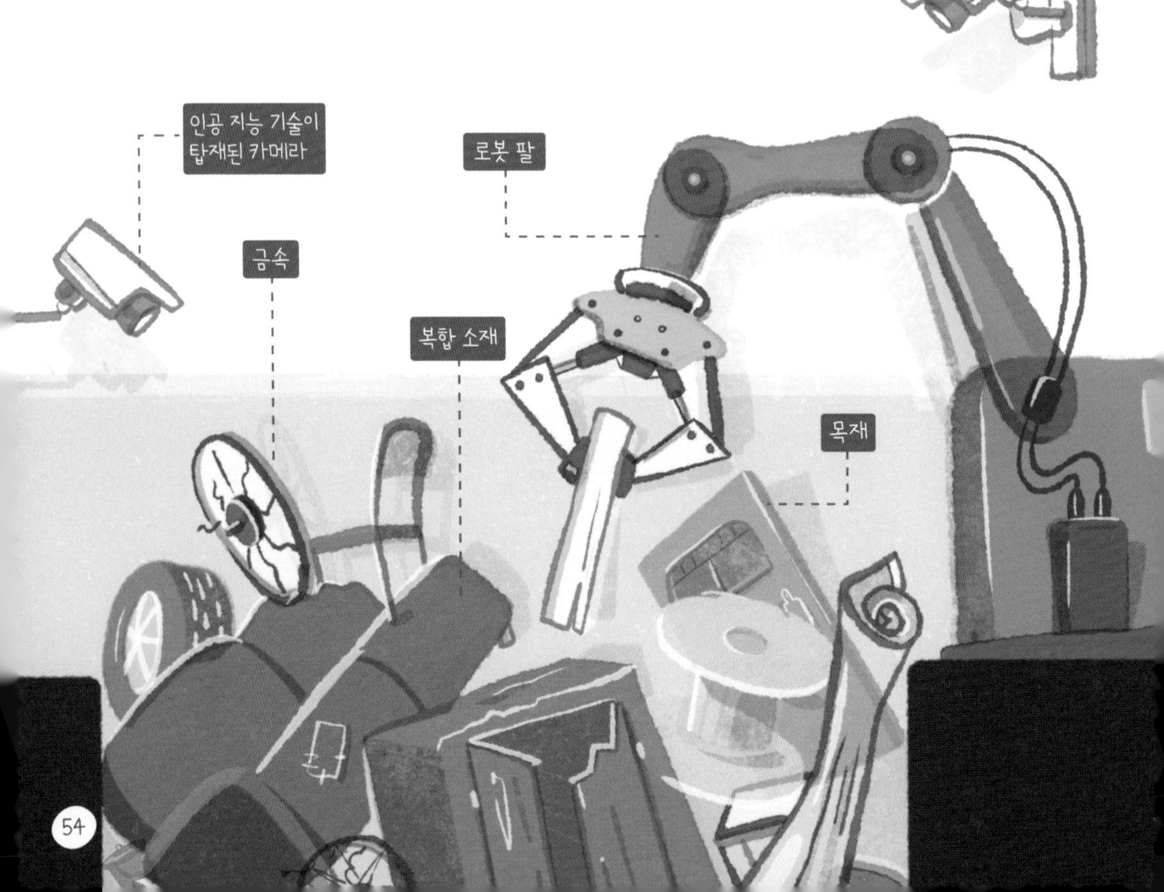

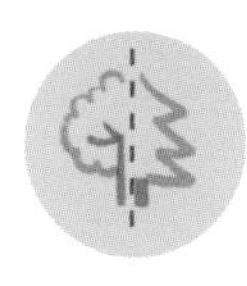

특정 산림 지역에서 극단적인 날씨를 견디려면 어떤 나무를 심는 게 좋을지 판단할 때도 인공 지능이 도움이 될 수 있어. 인공 지능은 그 지역의 현재 나무 종류, 토양의 성질, 병충해 발생 및 기후에 관한 데이터를 종합적으로 분석해서 어떤 나무가 그 조건에 가장 적합한지 평가해. 그리고 그 결과를 바탕으로 그 지역에 어떤 나무를 새로 심어야 할지 알려 주는 거야.

인공 지능 기술을 도입하면 농업을 좀 더 환경친화적으로 만들 수도 있어. 예를 들어 연구자들이 인공 지능으로 조작하는 제초기를 개발 중인데 그 기계는 식량 생산에 해가 되지 않는 식물은 그대로 두고 잡초만 제거해. 그러면 농약 사용이 줄어들고 생물 다양성이 높아지는 효과가 있지.

카메라가 대형 폐기물 안에 있는 물건들을 포착하면 인공 지능이 그 가운데 어떤 것이 재활용될 수 있는지 파악해. 그리고 크레인을 조종해서 목재나 금속처럼 재활용 가능한 소재를 분리해 내지.

자동차들이 서로 의논할 수 있다면?

자동차로 인한 이산화탄소 배출량은 전체 이산화탄소 배출량의 약 20퍼센트에 해당돼. 그래서 온실가스 발생 원인 가운데 세 번째로 비중이 크지. 독일 정부는 2030년까지 이산화탄소 배출량을 6500만 톤 줄이는 것을 목표로 세웠어. 그 목표를 달성하기 위해서는 전기차 이용을 장려하고 기차와 버스, 지하철을 비롯한 대중교통에 더 많은 자금을 지원해야겠지. 인공 지능도 기후 보호에 기여할 수 있어.

도시에서는 인공 지능의 도움을 받아 신호등과 카메라가 서로 긴밀하게 연결되고 교통량 데이터가 수집돼. 이 지식을 바탕으로 교통 흐름을 더 잘 예측할 수 있을 뿐만 아니라 신호등을 변경하거나 의도적으로 우회를 유도하는 등 교통 흐름을 통제할 수 있어. 그렇게 해서 교통 체증을 막을 수도 있으니 환경에 더 좋지. 교통 체증 때문에 자동차가 공회전을 하면 엔진이 휘발유를 특히 많이 소비하니까 이산화탄소가 대기 중으로 더 많이 배출되거든.

지능형 교통 통제 시스템의 장점을 하나 더 알려 줄까? 심지어 생명을 구할 수도 있어! 인공 지능의 도움으로 구급차가 응급실에 도착하기까지 시간이 크게 단축될 수 있잖아. 게다가 인공 지능으로 교통 데이터를 분석하면 위험한 지점이 있을 경우 미리 파악해서 신속하게 대처할 수 있으니 사고를 미리 방지할 수 있지.

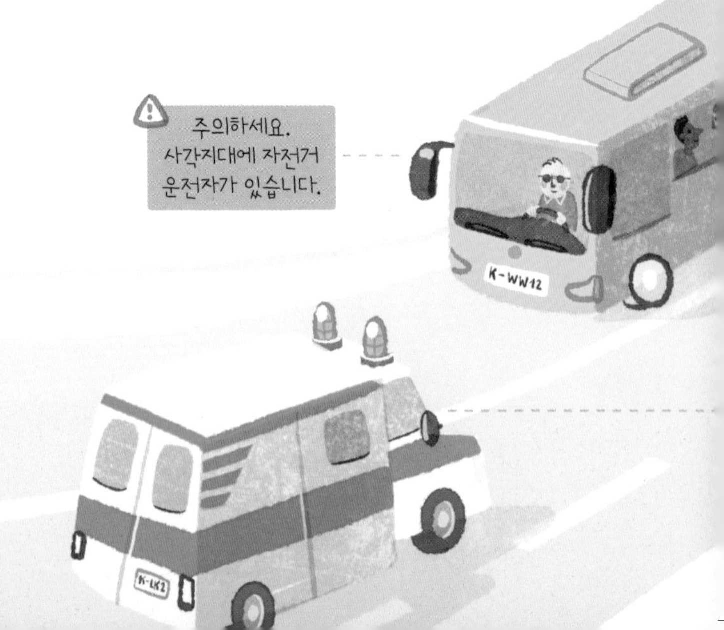
주의하세요.
사각지대에 자전거
운전자가 있습니다.
K-WW12
K-LK2

HOTEL***
주의하세요.
2킬로미터 전방에
도로 공사 중입니다.
주의하세요.
뒤쪽에 앰뷸런스가
있습니다.
모든 신호가 녹색입니다.
자유롭게 주행하실
수 있습니다.

최신 자동차에는 이미 인공 지능 기술이 사용되고 있어. 차선 이탈 경고 장치가 대표적인 예라고 할 수 있는데, 그 장치 덕분에 운전자는 몇 초 동안 운전대에서 손을 떼도 돼. 물론 최종 책임은 우리 인간에게 있지.

인공 지능 연구자들은 스스로 운전할 수 있는 자동차, 그러니까 자율 주행 차 개발에 심혈을 기울이고 있어. 자율 주행은 어떻게 가능할까? 자동차에 설치된 지능형 카메라가 도로를 포착해서 도로상의 물체와 표지판, 다른 운전자와 보행자를 인식해. 그리고 거기에 맞게 반응하라는 명령을 자동차에 내리는 거야. 그래서 정지 신호가 있으면 차량이 멈추고 도시를 벗어나면 속도를 내지.

자율 주행 차에는 어떤 장점이 있을까? 우선 운전 중에 라디오에서 좋아하는 노래가 나와 목청껏 따라 부른다고 해도 인공 지능 시스템은 전혀 개의치 않아. 휴대폰이 울려도 마찬가지로 신경 안 쓰지. 또 몇 시간 동안 운전해도 지치지 않아. 자율 주행 차를 이용하면 차량이 이동하는 동안 업무를 처리하거나 잠을 자거나 드라마를 볼 수도 있지. 그뿐만이 아니야. 자율 주행은 기후에도 이로워. 차량이 항상 적정 속도를 유지하기 때문에 불필요하게 브레이크를 밟는 일도 없고 과속하지도 않아서 연료 소비가 적거든.

하지만 자율 주행 기술은 아직 불완전해. 인공 지능이 언젠가 한 번은 예기치 못한 상황에 맞닥뜨리게 될 테고 그게 사고로 이어질 가능성이 있거든. 그걸 두려워하는 사람이 많아. 자율 주행에 대한 인식 조사 연구에 따르면 응답자 가운데 절반 이상이 자율 주행차가 심각한 사고를 유발할 거라고 생각한대.

인공 지능은 어떻게 결정할까?

이런 상황을 상상해 봐. 길 양쪽에서 두 사람이 동시에 나타났는데 자율 주행 차량이 브레이크를 밟기에는 너무 늦어서 둘 중 한 사람을 칠 수밖에 없는 거야. 자율 주행 차량은 어떤 선택을 해야 할까?

많은 문화권에서는 어린이를 우선적으로 보호해야 한다고 생각해. 아직 긴 인생을 앞두고 있기 때문이지. 반면에 어떤 문화권에서는 인생 경험이 더 많은 노인을 존중해. 설문 조사를 통해 밝혀진 사실이야.

그런데 좀 더 근본적인 문제가 있어. 가상으로 설정한 앞의 상황에서 어떤 결정을 내리든 어떤 생명이 다른 생명보다 더 귀하다고 말하는 셈이야. 하지만 모든 사람은 평등하잖아! 그건 세계 인권 선언에도, 유럽 연합 기본권 헌장에도, 그리고 독일 기본법에도 분명하게 적혀 있어.

인공 지능 시스템은 어떤 도덕적 기준에 따라 움직여야 할까? 이건 자율 주행만이 아니라 의학 같은 분야에서도 제기되는 질문이야. 인공 지능은 의학적으로 효과가 있는 모든 조치를 취하도록 프로그래밍되어야 할까? 아니면 환자가 자신이 원하는 치료를 선택할 수 있도록 허용해야 할까?

화물차 바로 뒤에 화물차…. 고속도로를 다니다 보면 얼마나 많은 화물차가 운행 중인지 볼 수 있어.

하지만 그 가운데 3분의 1 정도는 화물칸이 비어 있어. 나머지도 절반 이상은 일부분에만 짐을 실은 채 운행해. 물론 이건 전혀 좋지 않은 상황이야. 화물차는 대형 트럭이라 연료도 많이 소비하고 교통 체증도 유발하거든. 두 가지 다 기후에는 악영향을 끼쳐. 장차 **운송 관리 시스템**에 인공 지능이 도입되면 상황이 개선되는 데 큰 도움이 될 거야. 그럼 비용과 노동력, 시간, 연료가 절약될 수 있겠지.

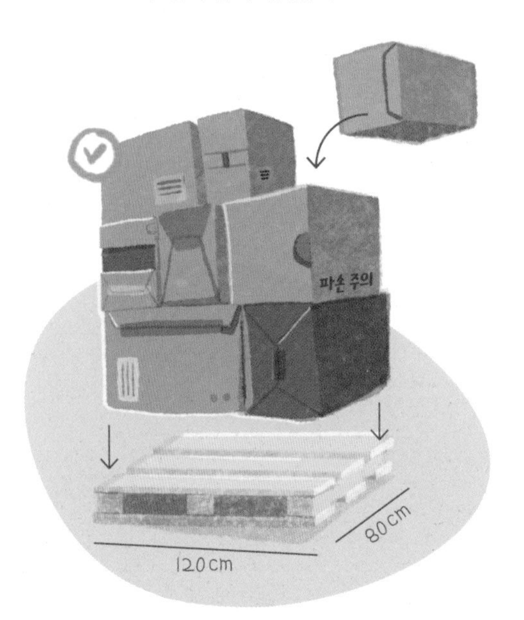

우선 인공 지능이 포장 작업을 계획해. 어떤 물건을 함께 포장해야 가능한 한 포장 상자 안에 빈 공간이 적게 생기는지, 짐을 싣는 깔판 위에 어떤 상자를 함께 쌓아야 안정적인지 계산하는 거야.

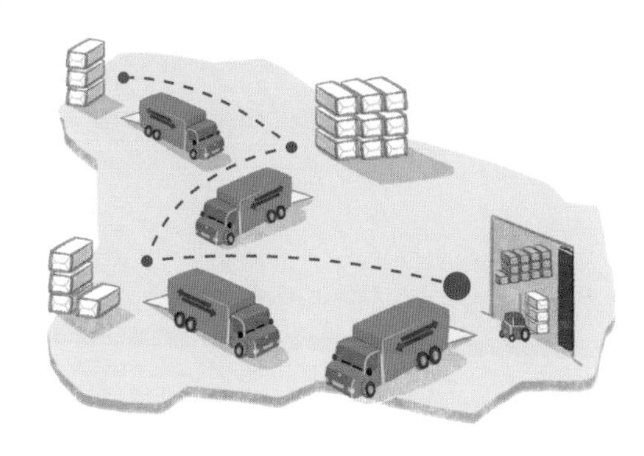

화물을 싣는 장소와 내리는 장소가 모두 하나의 네트워크를 통해 메시지를 주고받을 수 있도록 연결되어 있어서 화물칸을 꽉 채운 화물차가 곧바로 목적지로 가도록 만들어.

로봇이 상품의 운송 준비를 지원해.

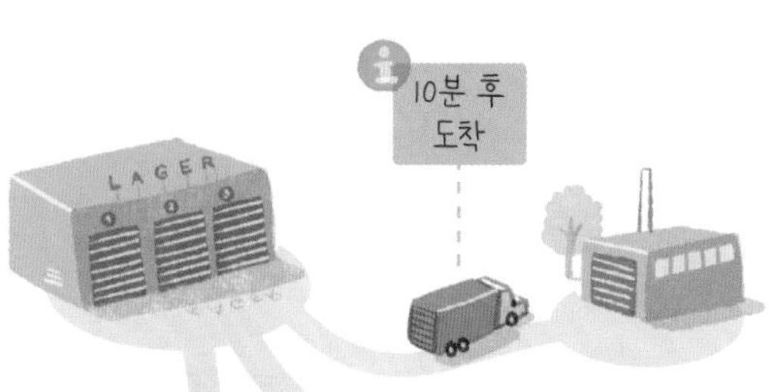

운송 경로는 날씨와 교통량도 함께 고려해 실시간으로 정해져.

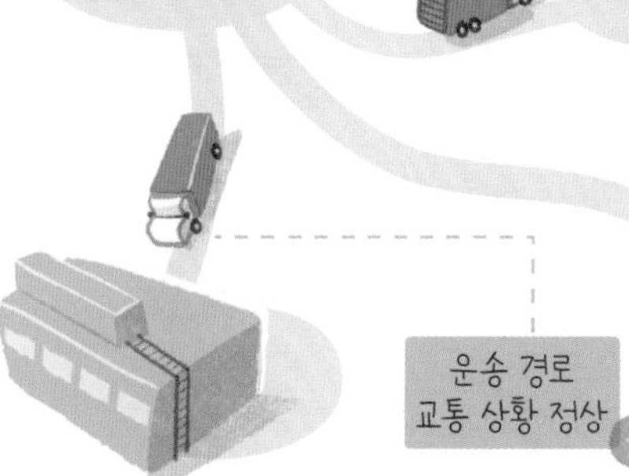

인공 지능은 우리 언어를 이해할까?

“가장 가까운 피자집이 어디야?” “오늘 뇌우가 온대?” “뉴욕은 지금 몇 시야?” 우리가 큰 소리로 이런 질문을 하면 집이나 스마트폰에서 인공 지능을 지원받는 음성 어시스턴트가 대답해 줘. 자판에 질문을 입력해서 정보를 수집할 필요가 없으니 집에서 음성 어시스턴트 기능을 사용하는 사람이 점점 많아지는 건 당연한 추세야.

시각 장애가 있는 사람들에게도
이 서비스가 아주 큰 도움이 돼.

음성 어시스턴트는 사람들과 소통할 수 있도록 NLP(Natural Language Processing)라 불리는 자연어 처리* 기술을 사용해. 자연어는 우리가 일상에서 사용하는 말을 의미하는데, 이 말을 프로그램이 정확하게 분석해야 하는 거야. 개별적인 단어를 인식하는 것만으로는 충분하지 않아. 프로그램은 그 말이 사용된 맥락도 파악해야 해.

조사 ??!

수량, 정도 …

마요르카에 날씨는 얼마나 덥워?

주어

더워?

덥다? …?!

아하!

그런데 우리가 사용하는 언어는 의미가 명확하지 않거나 규칙적이지 않은 경우가 많아서 프로그램이 분석하기가 매우 어려워. 자연어 처리 기술의 과제는 인간의 언어를 프로그램이 이해할 수 있는 작은 요소들로 쪼개는 거야. 그다음 기계 학습이 알고리즘을 사용해서 방대한 데이터로부터 패턴을 찾아내는 거지.

사투리나 어린아이들의 말은 음성 인식이 더 어려워. 프로그램이 실습할 수 있는 데이터 양이 훨씬 적거든.

마요르카의
호텔 후기입니다.

음성 어시스턴트와 대화를 나누는 과정이 정확히 어떻게 이루어지는지 궁금하지? 그 과정은 단계적으로 진행돼.

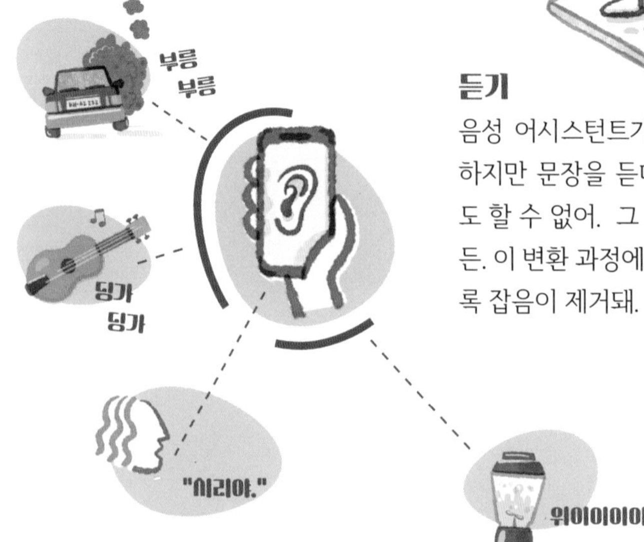

듣기

음성 어시스턴트가 '들을' 수 있으려면 마이크가 필요해. 하지만 문장을 듣더라도 음성 어시스턴트는 아직 아무것도 할 수 없어. 그 문장이 디지털 신호로 변환되어야 하거든. 이 변환 과정에서 목소리가 가능한 한 명확하게 들리도록 잡음이 제거돼.

이해하기

음성 어시스턴트는 디지털 신호로 변환된 문장을 서버로 보내. 그 신호는 서버에 저장되고 자동으로 분석·처리되지. 자연어 처리 기술을 통해 말소리의 배열이 아주 작은 구성 요소로 분해되어 어떤 특징이 있는지 검사되는 거야. 프로그램은 이미 방대한 양의 데이터를 제공받았기 때문에 각각의 언어가 어떤 규칙을 따르는지 알고 있어. 그걸 바탕으로 음성 언어가 어떤 특정한 문장일지 확률을 계산한 뒤, 그 정보를 음성 어시스턴트에 보내.

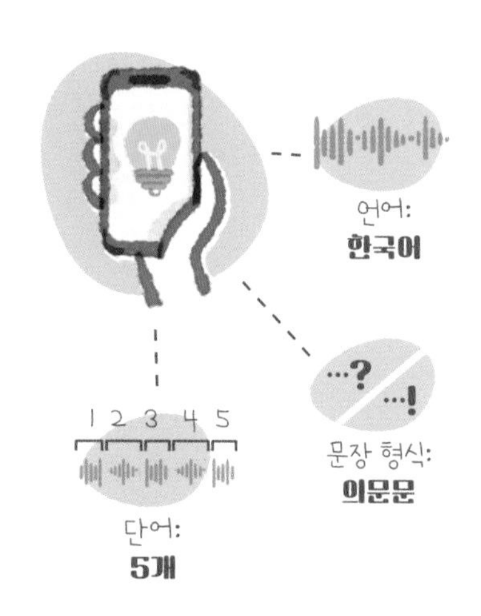

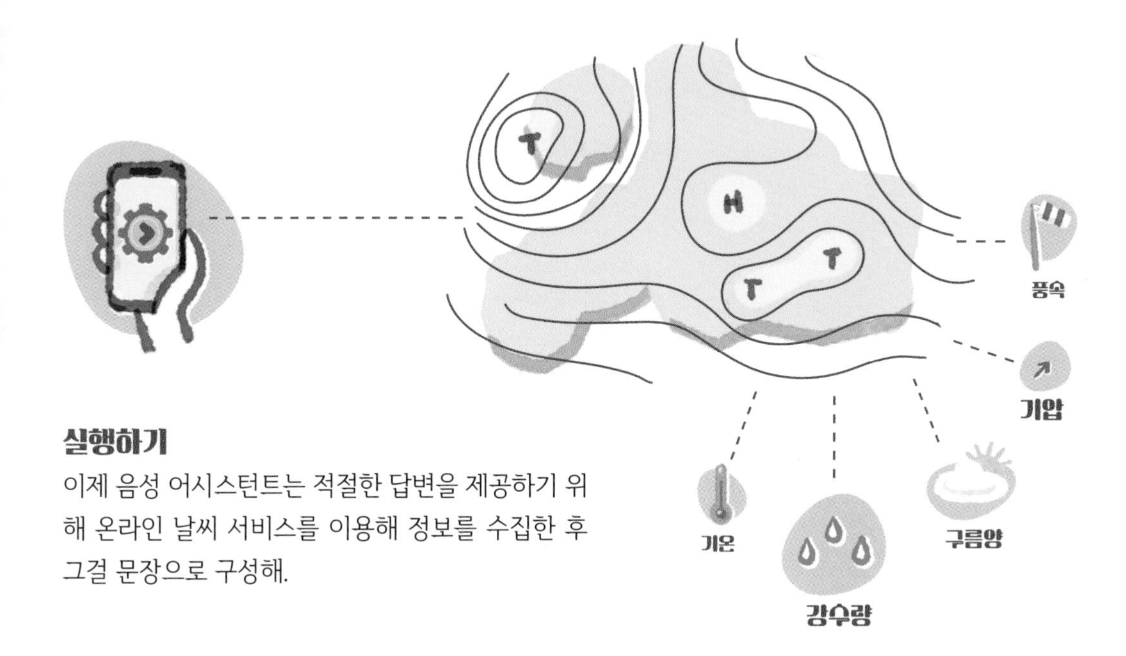

실행하기

이제 음성 어시스턴트는 적절한 답변을 제공하기 위해 온라인 날씨 서비스를 이용해 정보를 수집한 후 그걸 문장으로 구성해.

말하기

답변은 아직 텍스트 형태야. 음성 어시스턴트는 그걸 음성으로 변환해야 해. 여기서도 알고리즘이 사용되지. 그런 다음 질문한 사람의 스피커로 디지털 신호가 전송되는 거야.

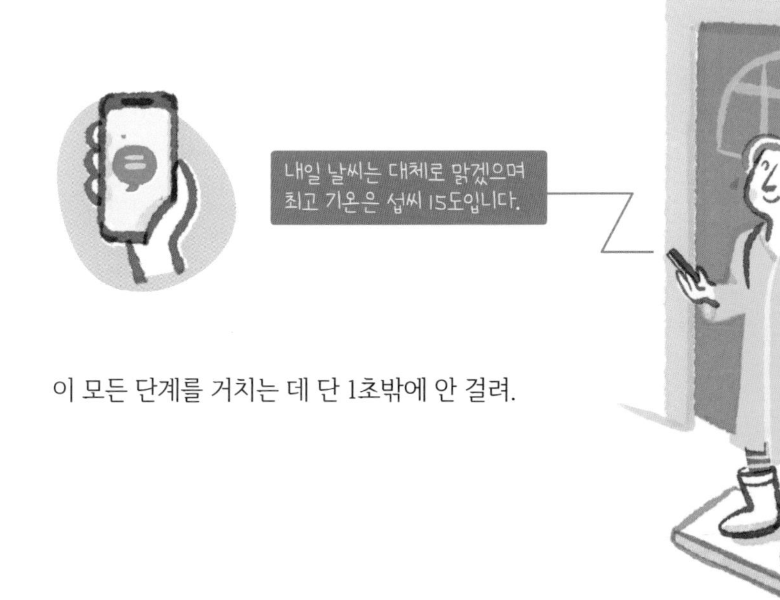

내일 날씨는 대체로 맑겠으며
최고 기온은 섭씨 15도입니다.

이 모든 단계를 거치는 데 단 1초밖에 안 걸려.

사용자와 문자를 주고받으며 대화를 나눌 수 있는 컴퓨터 프로그램을 챗봇이라고 불러. 챗봇 덕분에 시간과 돈이 절약될 수 있지. 챗봇은 사람과는 다르게 24시간 내내 일할 수 있고 언제 어디서나 바로 대화에 응하거든. 사용법이 아주 간단할 뿐만 아니라 문자 외에 동영상이나 사진 같은 미디어를 공유할 수도 있어.

챗봇과의 소통은 해결할 과제 수가 적거나 주제가 특정 영역에 한정되어 있을 때 특히 효과적이야. 약속을 잡거나 호텔 방을 예약하는 일, 또는 제품에 대한 지원을 예로 들 수 있겠지. 반면에 어렵고 복잡한 과제를 챗봇으로 해결하는 건 아직 무리야.

어떤 문제인가요?
헤드폰이 더 이상 작동하지 않아.
정확하게 무엇이 작동하지 않나요?
전원이 켜지지 않아.
전원 버튼을 3초 동안 길게 눌러 켜 보았나요?

챗봇과의 대화는 세 단계를 거쳐.

1. 사용자가 챗봇에 메시지(명령이나 질문)를 전달해. 웹사이트나 문자 메시지를 통할 수도 있고 통화로 이루어질 수도 있어.

2. 챗봇은 사용자가 보낸 메시지를 받은 후 모든 중요한 정보를 파악해. 인공 지능으로 자연어 처리 기술을 사용해서 메시지의 목적을 알아내는 거야.

3. 키워드를 걸러내는 과정을 통해 챗봇이 적절한 답변을 찾아내. 걸러 낸 키워드에 데이터베이스의 어떤 문장이 속하는지 골라 그 문장을 답변으로 채택하는 거지.

이 세 단계는 문제에 대한 해결책을 찾거나 질문에 대한 답을 얻을 때까지 계속 반복돼. 챗봇의 성능이 어찌나 좋은지 사용하는 사람에게 감정적인 반응을 불러일으키기도 해. 대화가 끝날 때 "고마워" 또는 "나중에 또 만나" 하고 인사말을 남기는 사람이 꽤 많아. 방금 대화를 나눈 상대가 인공 지능 프로그램이라는 사실을 뻔히 알면서도 말이야.

채팅 상대가 사람인지, 아니면 기계랑 얘기하고 있는 건지 확실하게 판단하기 어려울 때가 자주 있어. 하지만 보통 시간이 지나면 컴퓨터는 결국 자기 정체를 드러내게 되지. 예를 들어 챗봇은 종종 상대방이 화가 났다는 사실을 아주 늦게서야 깨달아. 게다가 반어적인 표현은 아예 알아들을 수도 없지. 그렇다면 인공 지능이 아직은 인간의 사고를 모방하지 못한다고 보아야 할까? 이 문제로 과학자들은 수십 년 동안 논쟁을 벌여 왔어. 그리고 인공 지능 분야의 선구자인 앨런 튜링이 이 문제에 대한 해답을 찾기 위해 1950년 튜링 테스트라는 걸 개발했지.

'CAPTCHA'는 사람과 컴퓨터를 구분하기 위한 '완전히 자동화된 공식적인 튜링 테스트(completely automated public Turing test)'의 약자야. 이 테스트는 잘못된 사용을 방지하기 위해 사람과 컴퓨터를 구분하는 인증 방식으로 많은 웹사이트에서 사용되고 있지.

튜링 테스트는 어떤 사람에게 키보드와 화면을 통해 두 명의 대화 상대와 이야기를 나누게 한 뒤 둘 중 어느 쪽이 사람이고 어느 쪽이 기계인지 알아맞히라고 하는 거야. 테스트에 참가한 사람이 5분 동안 집중적으로 질문을 한 다음에도 어느 쪽이 컴퓨터인지 구분하지 못하면 기계가 튜링 테스트를 통과한 것으로 간주해. 과학자들에게는 그것이 곧 컴퓨터와 인간의 사고 능력이 동등하다는 증거가 되겠지.

하지만 이 테스트에는 한 가지 문제가 있어. 기계가 어떻게 그 테스트를 통과했는지 분명치 않다는 점이야. 정말로 인공 지능이 테스트 참가자에게 확신을 줄 정도로 똑똑했던 걸까, 아니면 테스트 참가자가 상대방이 인공 지능이라는 걸 알아차릴 만큼 영리하지는 않았던 걸까?

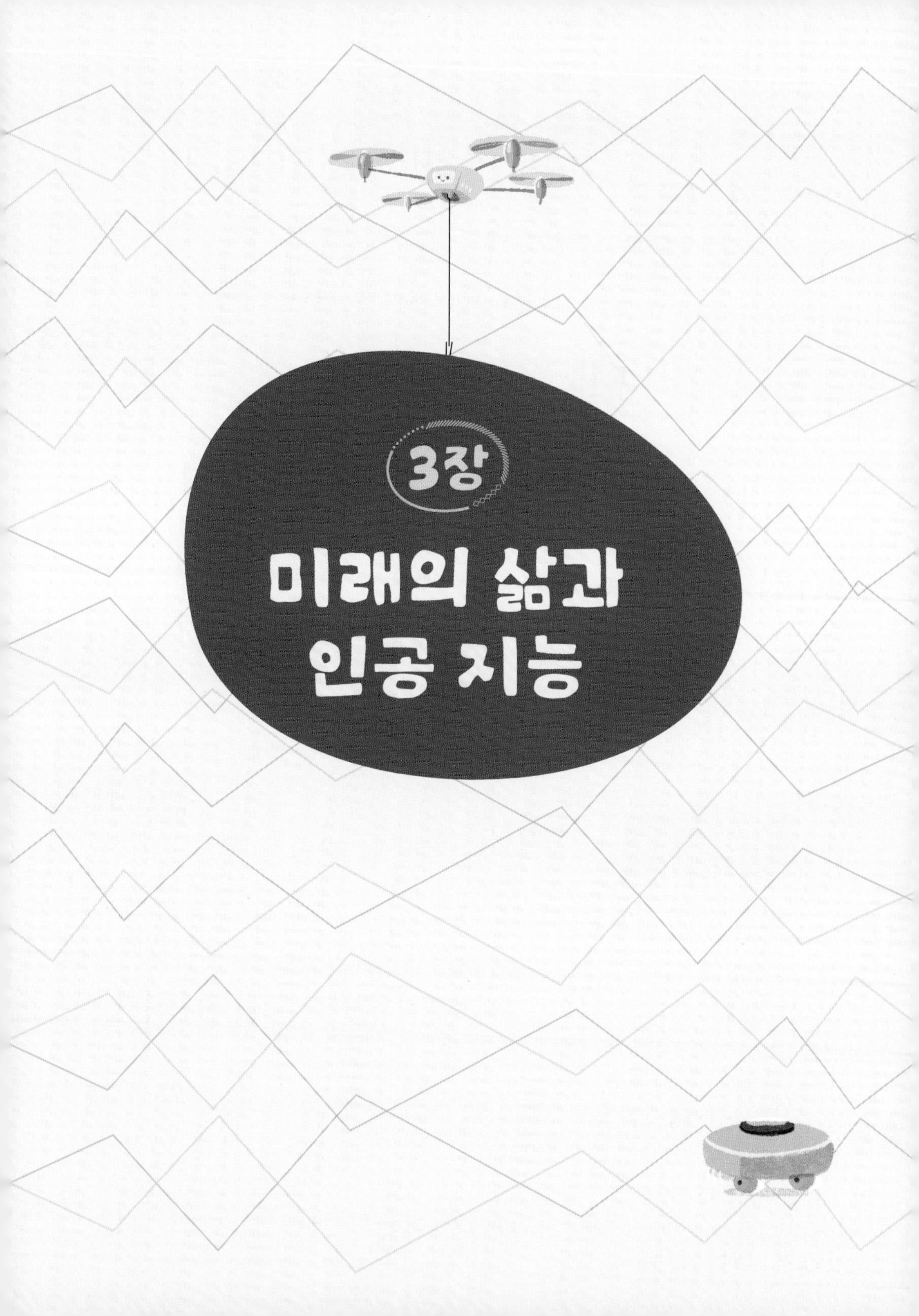

3장

미래의 삶과 인공 지능

로봇과 친구가 될 수 있을까?

인공 지능에는 진짜 감정이 없어. 기뻐할 수도 없고 짜증을 내지도 못하지. 하지만 인간의 얼굴이 찍힌 수없이 많은 사진과 영상 데이터를 학습하면 인간의 다양한 감정을 인식할 수 있어.

전 세계 모든 문화권에서 기본적인 얼굴 표정은 동일해. 그래서 인공 지능은 분노나 충격, 불안, 슬픔처럼 대체로 얼굴에 분명하게 드러나는 감정은 쉽게 인식해. 그리고 그에 따라 반응할 수 있어. 예를 들어 누군가 울고 있다면 동정심을 표현하는 거야. 그렇지만 실제로 감정을 느낀다는 말은 아니야. 단지 학습된 행동일 뿐이지.

인공 지능이 인식하기 어려운 경우는 누군가가 미소를 지을 때야. 물론 그 사람은 기분이 좋아서 그럴 가능성이 크지만 수치심이나 불안감 같은 다른 감정을 미소로 덮어서 감추려고 하는 것일 수도 있으니까.

최근의 인공 지능은 감정을 판단하는 데 얼굴 표정만이 아니고 목소리의 음색과 자세, 그리고 심지어는 걸음걸이까지 포함시킬 정도로 발전했어.

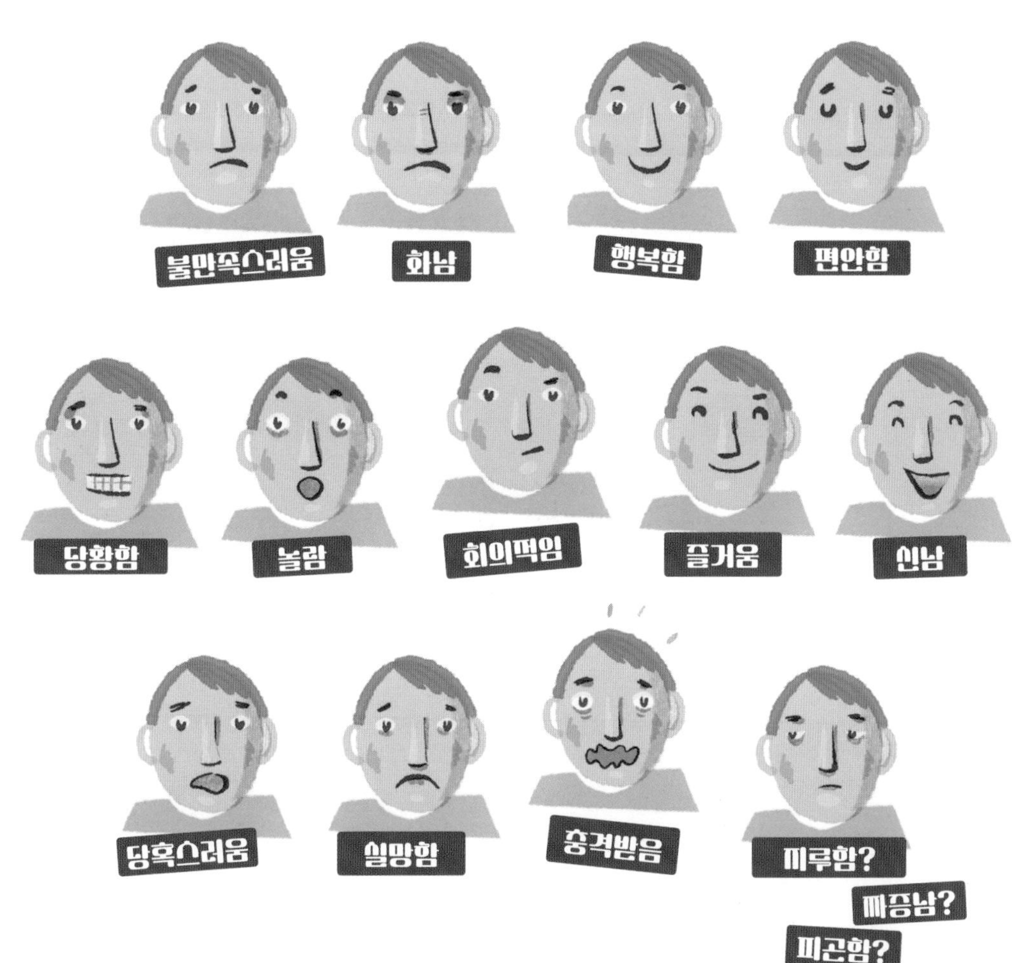

로봇은 몸을 갖고 있는 인공 지능이라고 할 수 있어. 로봇의 두뇌 부분을 이루고 있는 게 인공 지능인 셈이지. 사람처럼 생겼고 똑바로 걸을 수 있으며 말도 하는 로봇을 휴머노이드 로봇이라고 해. 휴머노이드란 말은 인간과 비슷하다는 뜻의 전문 용어야.

눈앞에 있는 게 언뜻 보기에는 피와 살을 지닌 존재처럼 보인다면 그건 소위 말하는 안드로이드야. 안드로이드는 실리콘으로 된 피부와 섬세한 이목구비를 갖추고 있는 로봇이지. 많은 소형 모터의 도움을 받아 사람처럼 이마를 찡그릴 수도 있고 미소를 지을 수도 있어.

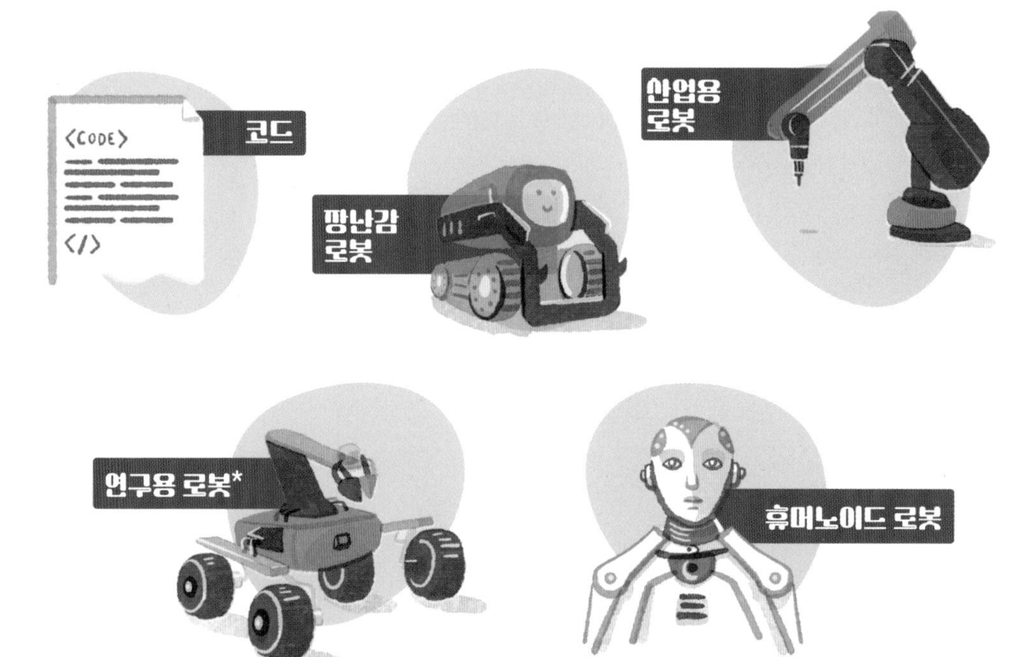

2019년부터 노인을 돌보는 데 투입되고 있는 페퍼*는 휴머노이드 로봇이 유용하게 쓰이고 있는 대표적인 사례라 할 수 있어. 페퍼는 대화 상대가 되어 주기도 하고 일기 예보나 신문을 읽어 주기도 해. 농담을 할 수도 있고 보드게임을 할 수도 있지. 음료를 갖다주기도 하고 운동하라고 설득하기도 해. 또 맥박과 혈압, 체온을 측정해 줘. 그 결과로 노인을 돌보는 인력의 부담이 줄어들고 노인의 일상생활도 더 수월해지지.

인공 지능 덕분에 더 건강해질까?

인공 지능은 질병의 진단과 치료에 도움을 줘. 어떻게 하냐고? 우선 의료 분야에서 수많은 데이터가 계속해서 생겨나고 수집돼. 혈액의 수치, 혈압 측정 결과, 산소 포화도나 엑스레이, MRI, 그리고 초음파 영상 사진 같은 것들이지. 또 질병에 관한 가능한 모든 영상 자료가 저장돼. 인공 지능은 이 모든 데이터로부터 패턴을 찾아서 건강 정보와 의심 가는 증상을 연결하는 거야. 그렇게 해서 누군가 질병에 걸렸을 경우 일찍 알아차릴 수 있어.

수치가 매우 좋아요! 스마트워치 말로는 아주 잘 잤다고 하는군요! 렘수면 단계가 세 차례 있었고 코는 골지 않았대요. 맥박수는 45에서 52 사이로 일정하게 유지되었고요!
아, 그거 잘됐네요.

집에서도 인공 지능이 점점 더 많이 사용되고 있어. 걸음 수를 세거나 맥박 수를 측정할 수 있는 **건강 앱이나** 웨어러블 기기*가 건강에 관한 개인적인 데이터를 저장하고 건강 상태를 개선시킬 적절한 방법을 추천해 줘.

로봇은 복잡한 수술에서 의사를 돕기도 해. 수술하는 의사가 손을 움직여 인공 지능 로봇의 팔과 기구를 실시간으로 제어하는 거야. 로봇의 장점은 수술에 꼭 필요한 신체 부위에 대해 매우 선명한 이미지를 제공한다는 점이지. 게다가 마치 돋보기와 같은 기능을 가지고 있어서 이미지를 무려 열 배까지 확대하는 것도 가능해. 로봇의 도움으로 의사는 보다 정밀하게 수술할 수 있고 절개 부위를 최소화할 수 있어. 그 덕분에 주변 조직과 신경을 보호하는 것은 물론이고 수술 후 회복도 더 빠르게 만들 수 있어. 그리고 로봇은 인간의 사소한 약점을 보완하는 역할도 해. 수술을 하다 보면 당연히 의사의 손이 떨릴 수도 있는데 그럴 때 흔들림을 잡아 주지. 로봇은 피곤함을 모르니까.

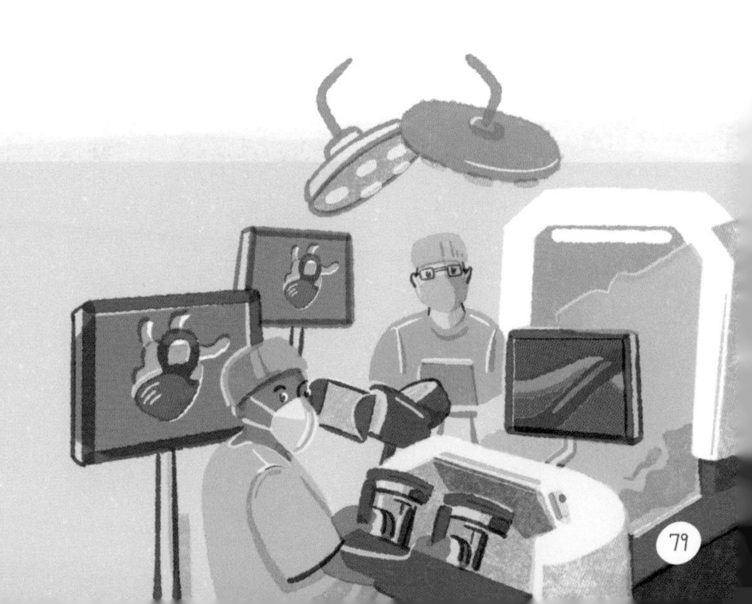

너 여기 있으면 되겠다! 나중에 나한테
책 읽어 줘. 알았지?

기계는 점점 더 인간과 비슷해질까?

진짜 로봇과 함께 산다면 근사할 것 같지 않니? 너랑 같이 놀 수도 있고 네 방을 치워 줄 수도 있잖아. 함께 노는 아이를 인식하고 이름을 불러 주며 간단한 대화도 나눌 수 있는 작고 똑똑한 기계들이 벌써 나와 있어.

어쩌면 너는 그런 기계에 거부감을 느끼는 아이일지도 몰라. 사실 기계가 살아 있는 것처럼 보이는 게 이상하긴 하지. 하지만 그 기계를 훈련시키는 건 너를 비롯한 사람들이라는 사실을 이해하면 분명히 생각이 달라질 거야. 기계에 데이터를 제공하는 것도, 미리 기계의 알고리즘을 결정하는 것도 사람이 하는 일이야. 너는 이런 기계를 네가 원하는 방식으로 이용할 수 있어. 그러니까 거기엔 숨어 있는 마법 같은 건 전혀 없다는 말이야.

직접 프로그래밍할 수 있는 장난감 로봇도 있어. 예를 들면 춤을 가르칠 수도 있지.

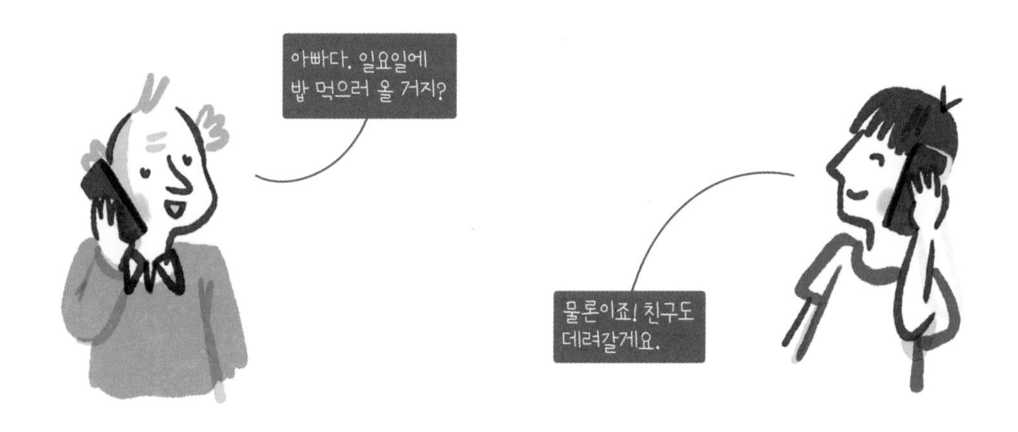

특히 로봇이 사용자의 소망에 딱 맞추어 작동하도록 프로그래밍되어 있는 경우, 사람들은 로봇에게 진정한 감정을 느끼기도 해. 특히 일본 사람들이 다른 나라 사람들보다 로봇에 대해 더 열린 마음을 갖고 있는 것 같아. 일본에서는 휴머노이드 로봇 친구를 레스토랑에 데려가거나 부모님한테 소개하는 일도 많다고 해.

많은 사람이 마치 인간처럼 취급할 정도로 로봇이 인간과 비슷하다고는 해도, 로봇은 우리와 어떤 차이가 있을까?

걷기 대부분의 아이들은 걷는 법을 스스로 터득해. 하지만 걷는 동작은 사실 우리가 생각하는 것보다 훨씬 더 어려워! 그래서 휴머노이드 로봇을 생산할 때 두 발로 똑바로 서서 걷게 만드는 일은 아직까지도 어려운 과제야.

번역 인공 지능은 점점 더 번역을 잘하게 될 거야. 하지만 언어의 뉘앙스나 시에서처럼 울림을 살리는 일에서는 아직 완벽하지 않아.

음악과 예술 인공 지능은 기존 작품을 바탕으로 작곡을 할 수도 있고 그림을 그리거나 책을 쓸 수도 있어. 하지만 주어진 본보기가 없이도 새로운 것을 창조하고 기존의 규칙을 깨뜨릴 수 있는 건 오로지 인간뿐이지.

감성 지능 다른 사람의 감정을 단순히 알아차리는 것만이 아니고 실제로 느낄 수 있는 건 우리 인간에게만 있는 능력이야.

전체적인 사고 인공 지능은 특정 분야에서만 유능해. 인간은 훨씬 더 넓은 시야를 가지고 있을 뿐만 아니라 자신의 목표를 스스로 설정하거나 계획을 변경할 수 있어.

올바르게 사용된다면 인공 지능은 장점이 많아. 여러 면에서 우리보다 낫거든.

인공 지능은 빨라. 인간에게는 몇 초나 걸리는 결정을 순식간에 내릴 수 있어.

인공 지능은 정확해. 데이터를 매우 정밀하게 분석 가능해. 그래서 날씨 예보나 질병 진단 등을 더 정확하게 할 수 있지.

인공 지능은 유연해. 특정 요구 사항에 완벽하게 맞도록 프로그래밍될 수 있으니까. 환경 보호든, 의학이나 교육이든 상관없이 다양한 분야에서 활용 가능하지.

인공 지능의 도움으로 일하는 방식이 새로워지게 돼. 인공 지능은 위험한 작업을 떠맡고 규칙에 따라 업무를 수행해. 휴식을 취할 필요도 없지. 그 덕분에 특정 직업에서는 사람들과 교류할 시간이 많아졌어. 또, 인공 지능으로 인해 이제껏 존재하지 않았던 직업이 생겨나기도 해.

인공 지능은 기후 변화의 악영향을 줄일 수도 있어. 예를 들어 교통과 운송 같은 분야에서 교통 체증과 공회전이 덜 발생하도록 도로의 전체 상황을 통제하고 조정해. 현재 다른 분야에서도 많은 연구가 진행 중이지.

인공 지능은 학습을 수월하게 만들어. 학습자의 수준에 맞추어 학습 과제의 난이도를 조절해 주기 때문에 과제가 지루할 정도로 쉽지도 않고 좌절감을 느낄 만큼 어렵지도 않아. 더군다나 인공 지능은 학습자에게 직접 피드백을 제공하거나 성취도를 평가할 수도 있어.

인공 지능을 규제하는 법은 왜 필요할까?

- 인공 지능을 회의적인 시선으로 바라보는 사람이 많아. 어쩌면 그 사람들은 인공 지능을 제대로 평가할 수 없다는 기분을 느끼는지도 몰라. 아니면 로봇이 자신들의 자리를 대신하게 될 거라고 걱정하거나. 인공 지능에 대해 충분히 알게 되면 그런 의구심이 줄어드는 데 도움이 되겠지. 하지만 인공 지능에는 장점만 있는 것이 아니라 당연히 단점과 위험성도 있어.

- 인공 지능이 올바른 결정을 내리기 위해서는 기초 데이터가 오류 없이 완전해야 해. 그런데 데이터의 양이 엄청나면 언제나 **오류가 발생할 가능성**이 있고, 그럴 경우 자율 주행에서 보듯이 위험한 결과를 초래할 수 있어.

- 어떤 분야에서는 인공 지능을 이용하는 것이 사람을 고용하는 것보다 일의 속도가 빠르고 더 안정적이며 비용은 적게 들어. 그건 다시 말해서 인공 지능으로 인해 **많은 일자리가 더 이상 필요 없게 된다**는 뜻이야. 예를 들어 특급 메신저*나 청소부, 스포츠 기자 같은 직업 말이야. 물론 인공 지능 덕분에 생겨나는 일자리도 있기는 하지. 그리고 그건 이제까지 존재했던 직업과는 완전히 달라서 그에 필요한 지식과 기술을 배워야 해.

- 인공 지능은 신체적인 특징을 통해 사람을 인식할 수 있어. 그런 능력을 활용한 것이 **얼굴 인식 프로그램**과 같은 생체 인식 앱이야. 이 기술은 사람을 감시하는 데 악용될 소지가 있지. 예를 들어 인터넷에 접속할 수 있는 사람이라면 누구나 적은 돈만 내고 사용 가능한 얼굴 검색 엔진이 독일에 이미 나와 있어. 이 검색 엔진은 인터넷상에 존재하는 모든 정보를 수집해. 찾고자 하는 인물이 데모 행렬 같은 사진 속에 있더라도 찾아낼 수 있을 정도야.

- 인간은 이제 전쟁에서 군인을 동원하지 않고도 드론과 로봇을 투입해 적을 공격할 수 있어. 그 과정에서 잘못된 결정이 내려져 무고한 사람들이 공격 목표가 되기도 해.

- 인공 지능은 엄청나게 빠른 속도로 발전하고 있어. 대기업이 그걸 주도하고 있지. 생각해 보면 당연한 일이야. 인공 지능의 도움으로 이미 많은 돈을 벌어 들이고 있으니까. 전문가들의 예상에 따르면 앞으로 몇 년 사이에 인공 지능을 통해 거두게 될 수익이 현재의 두 배에 달할 거래. 대기업이 자신의 이익만을 위해 이 기술을 남용하지 않고, 인공 지능이 안전하게 유지되도록 하려면 정부 기관의 규제가 필요해. 그런데 인공 지능 관련 규칙과 법률은 이 기술의 발전 속도를 따라가지 못하고 있어.

유럽 연합은 사람과 기업이 미래에 인공 지능의 이점을 누릴 수 있기를 바라. 그러려면 인공 지능 기술의 발전은 **시민의 안전과 기본권을 보호하는** 규칙에 따라 이루어져야겠지.

이런 이유로 유럽 연합의 주요 집행 기관인 유럽 위원회에서는 2021년 인공 지능에 관한 법률적 틀을 제안했어. 인공 지능 사용자가 안전하다고 느낄 수 있도록 하기 위해서 인공 지능 개발자와 제공자가 해야 할 일을 규정한 거야.

그 법안에서는 인공 지능 시스템을 위험 수준에 따라 네 가지로 분류했어.

저위험

현재 유럽 연합에서 사용되는 대부분의 인공 지능 시스템은 위험성이 거의 없어. 그래서 누구나 자유롭게 사용할 수 있지. 예를 들어 인공 지능 기술을 지원하는 비디오 게임은 게임 세계를 사실적으로 구현하고 플레이어의 능력에 맞게 전략을 세울 수 있도록 해 줘.

중위험

사용자에게 기본적으로 큰 위험을 초래하지는 않지만, 인공 지능을 사용하고 있다는 점이 공지되어야 하지. 예를 들어 챗봇과 대화할 때, 사용자에게 자신의 대화 상대가 기계라는 사실을 알려 줘야 해.

고위험

고위험에 해당되는 인공 지능 시스템은 시장에 출시되기 전에 매우 엄격하게 통제돼. 예를 들어 사람들의 생명과 건강에 중대한 위협이 될 수도 있는 교통 분야의 인공 지능 개발이 그런 경우야.

허용 불가 위험

사람들의 안전과 돈, 그리고 권리를 명백하게 위협하는 인공 지능 시스템은 사용이 전면 금지돼. 예를 들어 외부에서 조종해 아이와 연결을 시도하거나 주변을 도청할 수 있는 인공 지능 장난감이 여기에 속해.

인공 지능은 언제부터 있었을까?

사람들은 인공 지능이 완전히 새로운 기술이라고 생각할지도 몰라. 하지만 인공 지능에 대한 연구가 진행된 지는 꽤 됐어. 비록 아직 초기 단계에 있기는 해도 말이야.

기계는 '생각할' 수 있게 될 것입니다!
그 증거입니다!
읽기 헤드*
쓰기 헤드*
프로그램

1936년

영국의 수학자 앨런 튜링은 이론적으로 계산 기계가 '생각할' 능력이 있다는 것을 증명했어. 단, 전제가 필요해. 생각하는 과정은 여러 단계로 쪼개질 수 있고, 알고리즘으로 표현될 수 있어야 하지. 앨런 튜링은 그런 계산 기계에 '튜링 머신'이라는 이름을 붙였어.

엘리자, 난 흰 쥐가 무서워.
흰 쥐를 무서워한 지 얼마나 되셨나요?
항상 그랬어!
흰 쥐를 무서워하는 것이 정상이라고 생각하시나요?
...

1956년

'인공 지능'이라는 용어는 미국 뉴햄프셔에서 열린 학회에서 프로그래머 존 매카시가 처음 사용했어. 존 매카시는 기계가 인간의 지능을 모방할 수 있을 거라고 확신하는 많은 과학자 중 한 명이었지. 그날 학회에서는 세계 최초 인공 지능 프로그램이 소개되기도 했어. 수학적 정리를 자동으로 증명해 주는, '논리 이론가(Logic Theorist)'라는 프로그램이었지.

1966년

컴퓨터 과학자 조셉 웨이젠바움이 인간과 대화할 수 있는 컴퓨터 프로그램을 개발했어. 이 최초의 챗봇 이름은 '엘리자'였어. 엘리자는 문장의 일부와 사전, 그리고 사용자의 입력 내용에 반응하는 규칙을 통해 심리 치료사를 흉내 낼 수 있었어.

생각해 보세요. 인공 지능입니다!
과장하지 마세요!

안녕하세요.
처음으로 한 말이야!
성공이다!

1997년

인공 지능 기능이 장착된 체스 전용 슈퍼컴퓨터 '딥 블루'가 세계 체스 챔피언 가리 카스파로프를 이겼어. 인간이 지배하던 분야에서 기계가 처음으로 승리를 거둔 거야! 컴퓨터가 '더 똑똑해서'가 아니라, 체스의 모든 가능한 수를 분석하고 최적의 수를 선택해서 승리한 거지.

1986년

컴퓨터에 처음으로 음성 기능이 생겼어. 테렌스 J. 세즈노스키와 찰스 로젠버그는 자신들이 개발한 프로그램 '넷토크(NET-talk)'에 짧은 음절과 단어, 그리고 문장과 예문 입력을 통해 말하기를 가르치는 데 성공했어. 그 결과 넷토크 프로그램이 깔린 컴퓨터는 단어를 읽고 정확하게 발음할 수 있을 뿐만 아니라 심지어는 학습한 내용을 아직 모르는 단어에 적용할 수도 있었지.

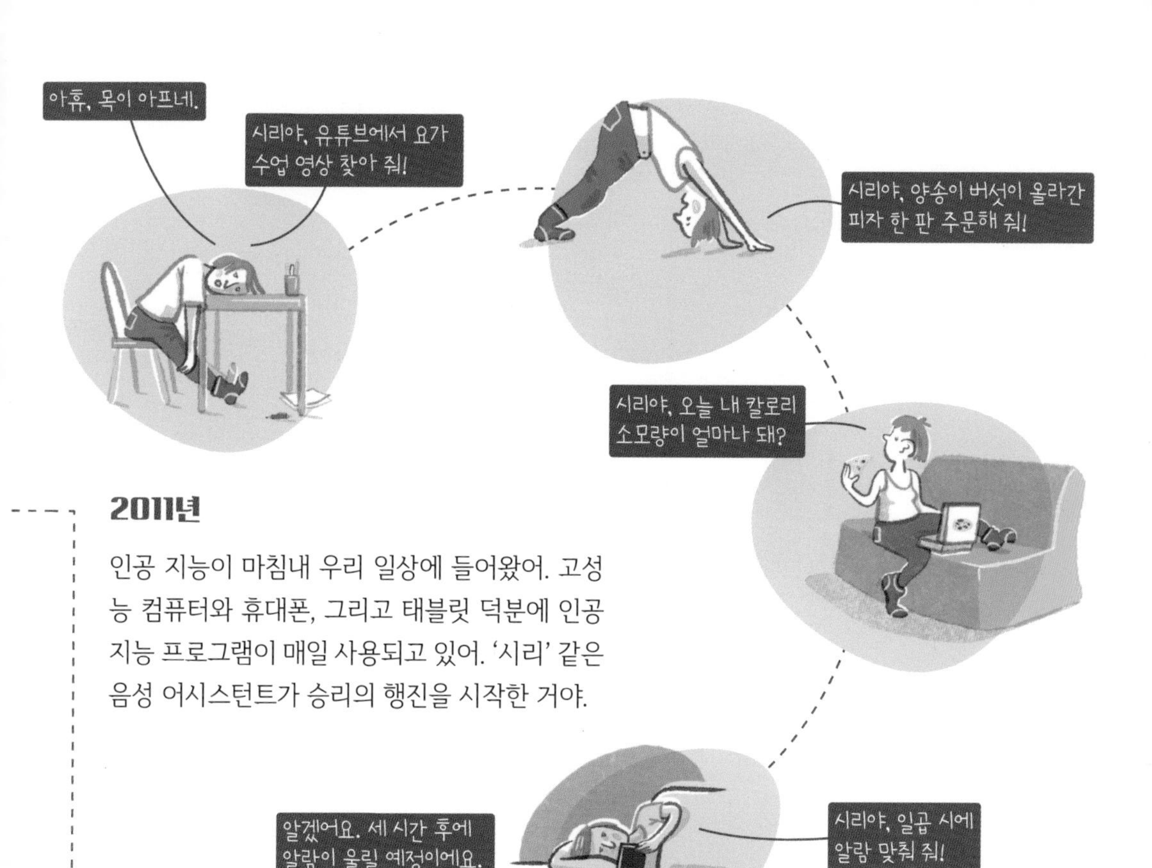

2011년

인공 지능이 마침내 우리 일상에 들어왔어. 고성능 컴퓨터와 휴대폰, 그리고 태블릿 덕분에 인공 지능 프로그램이 매일 사용되고 있어. '시리' 같은 음성 어시스턴트가 승리의 행진을 시작한 거야.

현재

가장 큰 과제는 어떻게 하면 인공 지능을 더 안전하게 만들고 악용되지 않도록 보호할 수 있을 것인가 하는 문제야. 그 과제를 해결해야만 의학이나 자율 주행처럼 민감한 영역에서 안심하고 인공 지능을 사용할 수 있거든.

자동 조종되는 드론을 수난 구조에 사용하는 방법이 연구되고 있어. 이 드론은 인공 지능 기술 지원을 받아 광학 및 초음파 영상 정보를 분석해서 물에 빠진 사람을 발견하고, 필요 장비를 떨어뜨려 구조할 수 있지.

너희는 나중에
뭐가 되고 싶어?
예술가!
난 수의사!
인공 지능으로
하는 일!
하하. 로봇 청소기 같은 거?

새로운 직업과 더 많은 자유 시간?

인공 지능은 이미 많은 직업에서 아주 중요한 역할을 하고 있어. 그리고 그 비중은 점점 더 커질 거야. 인공 지능과 관련된 일이야말로 진정한 미래의 직업이야! 그렇다면 그런 직업을 갖기 위해서는 어떤 지식이 필요하고 어떤 교육을 받아야 할까? 어느 분야의 기술자가 되려면 그 일을 배우고 따라 하는 과정이 필요해. 다른 직업의 경우도 마찬가지로 그 직업에 필요한 교육을 받아야 하지. 의사가 되려면 의대에서, 변호사가 되려면 로스쿨에서 공부를 해야 해. 이렇게 어떤 직업을 갖기 위해서 무엇을 배워야 하는지가 분명해.

아직 '인공 지능 전문가'라는 직업이 정식으로 존재하는 건 아니야. 물론 자체적으로 인공 지능 전공 과정을 운영하고 있는 대학들이 있기는 하지만 현재 인공 지능과 관련된 직업을 갖고자 하는 사람들은 대부분 컴퓨터 과학을 배워. 학생들은 거기서 프로그래밍 같은 걸 배우지. 그리고 경력을 쌓는 과정에서 더 많은 기술을 습득해. IT 계통 회사에서 수습사원으로 일하는 것도 좋은 출발점이 될 수 있어.

얼핏 보기에는 컴퓨터와 아무런 상관이 없는 것 같은데 인공 지능 개발에 관여하는 다른 직업도 있어. 예를 들면 언어학자는 인공 지능이 음성 언어를 올바르게 인식하고 모방할 수 있도록 도와주지.

인공 지능은 피곤을 모르고 병에 걸리지도 않으며 휴일이 필요하지도 않고 임금 인상을 요구하는 일도 없어. 인공 지능으로 해결하는 일이 많아질수록 사람들의 일자리는 점점 더 사라지게 될까?

그건 전적으로 어떤 종류의 직업인가에 따라 달라. 현재 기준으로 재무 회계사의 업무 중 88퍼센트는 자동화가 가능해. 그 말은 업무 진행 과정의 대부분을 컴퓨터가 자동으로 처리할 수 있기 때문에 사람이 직접 관여할 필요가 없다는 뜻이야. 반면에 기자는 컴퓨터로 할 수 있는 일이 겨우 20퍼센트에 불과해. 그리고 심장 외과의의 주요 업무 중에서 현재 로봇이 대신할 수 있는 일은 8분의 1 수준이지. 이 수치는 독일 연방 노동청 산하 연구소의 '직업 탐색 도구*'에서 제공한 거야.

20%
자동화 가능

언론

미래에 점점 더 많은 직업이 인공 지능으로 대체된다고 해서 그것이 꼭 나쁘다고만은 할 수 없어. 로봇이 육체적으로 힘들거나 지루한 일, 또는 위험한 일을 떠맡아 준다는 건 큰 장점이 될 수 있잖아.

12%
자동화 가능
언제가는 인공 지능이
내 일도 대신 할 수 있을까?
심장 외과

직업 탐색 도구

희망 직업, 직업 분야, 활동

직업 분야로 검색

나중에 무엇이 되고 싶은지 생각해 본 적 있니? 우리나라에서도 '직업 탐색 도구'와 비슷한 정보망을 이용할 수 있어. 검색 엔진에 '커리어넷'을 입력해 봐.

우리는 인간의 강점이 인공 지능의 약점이고 인공 지능의 강점은 인간의 약점이라는 사실을 분명히 알아야 해. 그러니까 둘이 함께 작용하면 진정한 초능력을 만들어 낼 수 있어! 그리고 비록 많은 직업이 사라지게 될지라도 인공 지능으로 인해 지금은 존재하지 않는 새로운 직업과 일자리가 생겨날 거야.

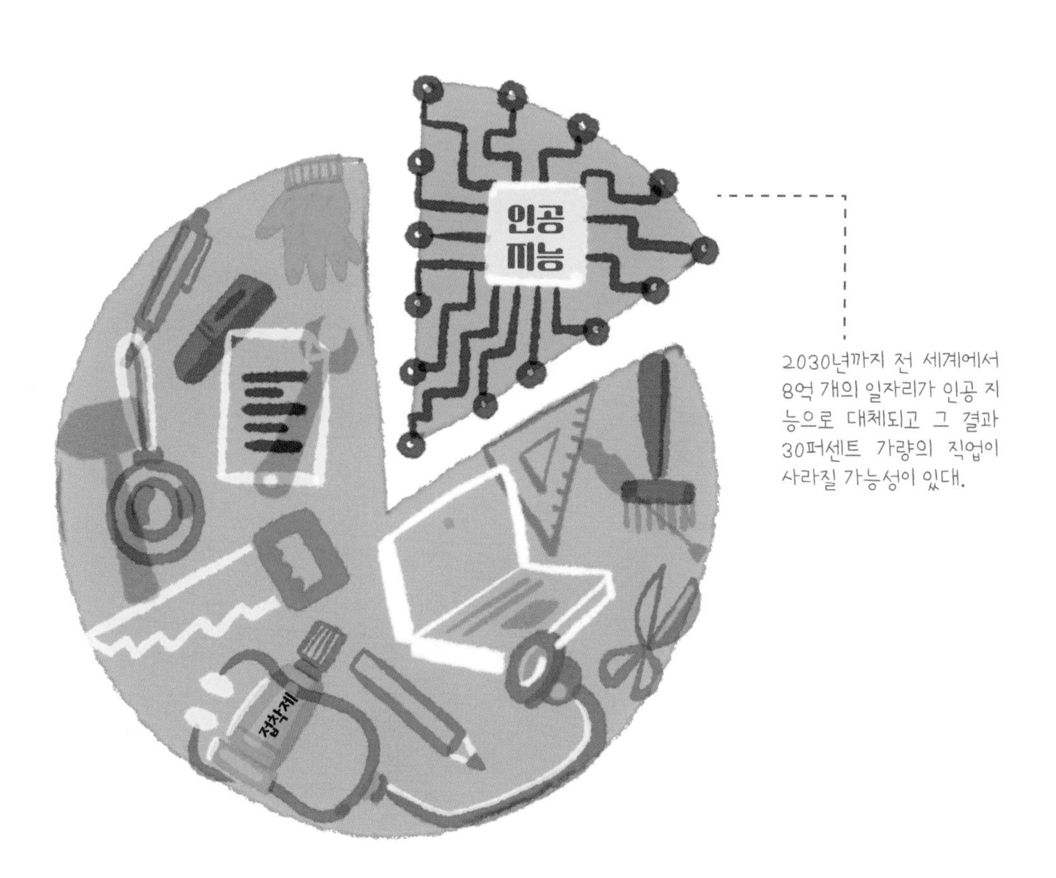

2030년까지 전 세계에서 8억 개의 일자리가 인공 지능으로 대체되고 그 결과 30퍼센트 가량의 직업이 사라질 가능성이 있대.

인공 지능 덕분에 더 이상 일하지 않아도 될까?

로봇이 우리를 위해 일하고, 청소하고, 운전하고, 또 장보기와 요리를 대신 해 준다면 언젠가는 더 이상 아무것도 하지 않아도 될까? 하루 종일 하고 싶은 것만 하면서 지낸다는 건 생각만 해도 아주 신날 것 같지 않니? 그럼 엄마 아빠가 주말이나 휴가가 아니더라도 언제든지 너를 데리고 놀이공원에 갈 수 있을 테니까.

저랑 배드민턴 치러 가요!
지금 저녁에 먹을 대파 수프 만드는 중이라 안 돼.

인공 지능한테 주문해 달라고 하면 되죠. 배드민턴 치고 나면 우리한테 몇 칼로리가 필요한지 인공 지능이 정확하게 알잖아요.
하지만 난 요리하는 게 좋은걸.

인공 지능이 특정 업무를 대신하게 되면 그 업무에 대한 지식과 기술을 가진 사람들이 점점 줄어들 텐데 그건 문제가 될 수 있어. 그런 사람들이 없으면 누가 인공 지능의 결정에 비판을 제기할 수 있겠어? 그리고 인공 지능이 없을 때 누가 그 업무를 떠맡을 수 있겠어?

하루 종일 아무것도 하지 않는 게 과연 그렇게 좋은 일일지도 한번 생각해 보자. 무언가를 요리하거나 고치거나 그리는 일이 재미있지 않니? 그리고 어쩌면 그런 일이 성취감을 느끼게 만드는지도 몰라. 우리는 결국 자신이 쓸모 있는 존재라고 느끼기 위해서 일을 필요로 하는 게 아닐까?

물론 앞으로 20년 혹은 50년 후에 상황이 어떻게 변할지 정확하게 알지 못해. 하지만 많은 분야에서 인공 지능이 인간보다 우위를 차지하게 되리라는 점만은 확실한 것 같아.

왜냐고? 인공 지능은 스스로 '미래를 예측하는' 능력을 갖고 있어서 우리에게 더 편리한 삶, 더 나은 삶을 제공할 수 있기 때문이야. 예를 들어 볼까? 인공 지능은 자동차의 움직임을 예측해서 사고 발생 가능성을 줄여 줄 수 있어. 그리고 수백만 장의 영상 자료에서 암의 징후를 검색해 암을 조기에 발견할 수 있게 해 줘. 그렇게 되면 당연히 완치 가능성이 높아지지.

앞으로 인공 지능 덕분에 업무 부담이 줄어들게 되면 이제까지 존재해 왔던 직업들은 '본연의 임무'로 돌아갈 수 있을 거야. 최대한 빨리 환자 진료 업무를 처리해야 했던 의사들은 대신 최선을 다해 치료할 시간을 낼 수 있게 되겠지. 요양 보호사들은 방에서 방으로 뛰어다니는 대신 자신이 돌보는 노인의 손을 잡아 주고 대화를 나눌 수 있을 테고. 기자들은 홍수처럼 쏟아지는 정보를 내뱉는 대신 그 정보들을 해석할 수 있게 될 거야. 또한 인간의 창의력이 발휘될 수 있는 새로운 활동 분야가 무수히 많이 생겨나겠지.

그러니까 인공 지능은 현명하고 책임감 있게 사용되기만 한다면 우리 인간에게 많은 도움을 줄 수 있어.

물론 그러기 위해서는 규칙이 필요하고, 또 이 기술의 바람직한 미래를 함께 만들어 가고자 하는 사람들이 필요하지!

용어 설명

• 9쪽 스트리밍 서비스: 인터넷을 통해 실시간으로 오디오, 비디오, 게임 등의 콘텐츠를 제공하는 서비스. 대표적인 비디오 스트리밍 서비스로 넷플릭스와 유튜브가 있다.

• 13쪽 인센티브 시스템: 개인이나 집단이 특정 행동을 하도록 유도하기 위해 설계된 보상 체계. 특정 행동을 장려하고 성과를 높이며 효율성을 증대시키기 위해 사용된다.

• 20쪽 음성 어시스턴트: 사용자의 음성 명령을 인식하고 응답하는 기능을 가진 인공 지능 개인 비서. 삼성의 빅스비, 애플의 시리, 구글의 어시스턴트, 아마존의 알렉사 등이 있다.

• 23쪽 if-then 조건문: 프로그래밍 및 논리적 사고에서 다양한 조건을 설정하고 그에 따른 동작을 정의하는 데 사용되는 기본 구조. 특정 조건이 참일 때 '~다면, 그럼'의 방식으로 어떤 동작이나 결과가 발생하도록 하는 문장이다.

• 44쪽 스케치: 음악 작품의 초기 아이디어나 구상을 기록한 것.

• 46쪽 후광 효과: 한 사람이나 사물의 특정한 긍정적인 특성이 다른 특성에 대한 평가에 영향을 미치는 현상.

• 50쪽 《닌자고》: 《Lego Ninjago》. 덴마크의 레고 애니메이션 시리즈.

• 52쪽 생애 주기: 자동차가 생산되어서부터 수명이 다해 폐차될 때까지의 모든 과정을 포함하는 개념.

• **53쪽 프로세서**: 컴퓨터의 '두뇌'에 해당하는 핵심 구성 요소. 프로그램의 명령을 실행하고 데이터를 처리하며 메모리와 저장 장치 그리고 입력 장치 등 다른 구성 요소와의 상호 작용을 관리한다.

• **64쪽 자연어 처리**: 컴퓨터가 인간의 언어를 이해하고 해석하며 문장을 생성할 수 있도록 하는 인공 지능의 한 분야.

• **71쪽 모듈**: 프로그램 내부를 기능별 단위로 분할한 부분.

• **76쪽 연구용 로봇**: 과학 실험, 탐사, 조사 등의 연구 활동을 수행하는 로봇.

• **77쪽 페퍼**: 일본 소프트뱅크가 개발한 감정 인식 휴머노이드 로봇으로 2014년 6월 처음 공개되었다. IBM 왓슨 기반의 인공 지능 기술을 사용한다.

• **79쪽 웨어러블 기기**: 시계, 안경, 의복 등에 컴퓨터 기능이 내장된 형태로, 사용자의 몸에 부착하거나 착용할 수 있는 전자 기기.

• **84쪽 특급 메신저**: 주로 국가 기관이나 군대에서 기밀 메시지나 문서를 빠르게 전달하는 사람.

• **88쪽 읽기 헤드**: 데이터 저장 장치나 기계에서 데이터를 읽어 들이는 장치.

• **88쪽 쓰기 헤드**: 데이터 저장 장치나 기계에 데이터를 기록하는 장치.

• **94쪽 직업 탐색 도구**: 독일 내에서 직업 선택을 지원하기 위해 만들어진 도구. 사용자가 자신의 기술과 관심사에 맞는 직업을 찾을 수 있도록 돕는 것을 목표로 한다.

인공 지능, 너 내 동료가 돼라!

21가지 질문으로 AI와 친해지기

초판 인쇄 2024년 11월 4일 **초판 발행** 2024년 11월 4일

글쓴이 앙겔리카 찬 **그린이** 레나 헤쎄 **옮긴이** 고영아

펴낸이 남영하 **편집** 전예슬 김주연 **디자인** 박규리 **마케팅** 김영호 **경영지원** 최선아

펴낸곳 ㈜씨드북 **주소** 03149 서울시 종로구 인사동7길 33 남도빌딩 3F **전화** 02) 739-1666 **팩스** 0303) 0947-4884

홈페이지 www.seedbook.co.kr **전자우편** seedbook009@naver.com **인스타그램** instagram.com/seedbook_publisher

ISBN 979-11-6051-690-6 (73500)

Was ist künstliche Intelligenz?

Wo sie uns im Alltag begegnet und wie sie funktioniert by Angelika Zahn / Lena Hesse